社区（老年）教育系列丛书

隔代教养有诀窍

主编　岳素萍　王婧

郑州大学出版社

图书在版编目(CIP)数据

隔代教养有诀窍／岳素萍，王婧主编. —郑州：郑州大学出版社，2023.6
(社区(老年)教育系列丛书)
ISBN 978-7-5645-9739-9

Ⅰ. ①隔…　Ⅱ. ①岳… ②王…　Ⅲ. ①婴幼儿-哺育-基本知识　Ⅳ. ①TS976.31

中国国家版本馆 CIP 数据核字(2023)第 096912 号

隔代教养有诀窍
GEDAI JIAOYANG YOU JUEQIAO

选题策划	孙保营　宋妍妍	封面设计	王　微
责任编辑	宋妍妍	版式设计	陈　青
责任校对	席静雅	责任监制	李瑞卿
出版发行	郑州大学出版社	地　　址	郑州市大学路 40 号(450052)
出 版 人	孙保营	网　　址	http://www.zzup.cn
经　　销	全国新华书店	发行电话	0371-66966070
印　　制	河南美图印刷有限公司		
开　　本	787 mm×1 092 mm　1/16		
印　　张	21	字　　数	227 千字
版　　次	2023 年 6 月第 1 版	印　　次	2023 年 6 月第 1 次印刷
书　　号	ISBN 978-7-5645-9739-9	定　　价	95.00 元

社区(老年)教育系列丛书

编写委员会

《隔代教养有诀窍》

作者名单

主　　编　岳素萍　王　婧

副主编　董　青　郝红艳

前　言

祖辈参与对孙辈的隔代教养在我国已是普遍现象，在城市和农村都占有很大的比例。中国老年社会追踪调查（CLASS）全国数据显示，目前我国老年人提供各种强度的隔代照料的比例已高达73.29%。随着我国三胎政策的落实，祖辈参与孙辈教养的比例将会进一下提高，这将成为育儿领域中不可忽视的一大普遍现象。

在老人们义无反顾地走进小家庭勇挑教育和养育孙辈重担的时候，经常会出现一些不和谐的声音，这不仅影响家庭的和谐，更重要的是可能会影响儿童的健康成长。许多家庭可能遇到了问题，却不知如何去解决它，只能在痛苦中艰难前行，不知不觉中孩子就长大了。而孩子的成长只有一次，因此我们需要为祖辈和父母提供一本可共同学习的科学养育指导用书，以帮助他们形成统一的教育理念，提升隔代养育的质量。

0~6 岁是儿童一生中的奠基时期，是儿童智力发育、个性塑造、习惯养成的黄金时期，幼儿教育家陈鹤琴说过："儿童的早期家庭教育在人一生的成长发展过程中起着奠基的作用。人在 7 岁前，习惯、语言、技能、思想、态度、情绪都打下了基础，基础打得不好，健全人格就难以建立。”儿童年龄越小，教养人对其成长的影响越大，人的生命历程中，早期经验对其身心发展起着关键作用。

祖辈参与孙辈的教养，并已悄然成为0~6岁儿童成长的重要陪伴者，陪伴的时间甚至超过了父母陪伴的时间，对儿童的性格培养、习惯养成、能力开发都起着重要作用。虽然隔代教养有利有弊，但事实上已成为当前我国儿童养育的主要形式，所以我们不是拒绝隔代教养，而是要学习如何做好隔代教养，提高隔代教养的质量，以更好地促进儿童的良好发展。

很多祖辈带孙辈主要是靠主观经验，可是有时候“经验”不一定是对的，有些经验已经过时了。如果祖辈能够积极学习科学养育的相关知识，将会增强他们与年轻父母的有效沟通，更能达成育儿理念的一致性，也更容易减少两代人之间的矛盾，最重要的是有利于儿童的健康成长。

本书希冀年轻父母能与祖辈一起，共同了解育儿的科学教养知识，共同学习，统一认识，统一育儿的行为，真正做到齐心协力，共同促进儿童健康良好的发展。

本书的编写具有以下特色。

1. 专业性。本书集合了学前教育、早期教育多学科专业教育工作者，结合自身的育儿经验，从养育、心育、智育、教育、游戏等多方面提供育儿的专业指导，确保指导的科学性。

2. 通俗性。考虑到老年人的学习特点，本书力图用通俗易懂的生活化语言来介绍育儿的专业知识，回避了一些相对专业的词汇，希望祖辈们学习起来更容易懂，不费力。

3. 实践操作性。本书弱化了理论知识，强化了在生活中的实践运用，在内容上，通过大量的案例来解读对相关知识的理解和在生活中的运用；通过游戏的列举，让祖辈和父母更容易实践操作，在游戏中、互动中，促进儿童的茁壮成长。

希望本书能够给家庭呈现一个专业的、实践性强的、容易操作的儿童教养体系，让祖辈能正确认识自己参与孙辈教育的意义，接受现代科学的教育理念和育儿方法，能够与年轻的父母良好沟通，从而以正确的方式参与孙辈的养育中。年轻父母应该与祖辈一起学习，共同提升育儿的质量，促进儿童的健康成长和家庭关系的和谐。

本书为河南省教育厅职成教处老年教育课程资源项目（豫教〔2021〕58434），并由岳素萍拟定编写体例及统稿。具体编写工作分工如下：岳素萍负责第一章、第三章第一节和第二节、第四章；王婧负责第二章、第七章第一节；郝红艳负责第五章；董青负责第六章、第三章第三节、第七章第二节。

本书在编写过程中，得到了郑州大学出版社的大力支持，在此，对本书项目组和郑州大学出版社表示衷心的感谢。本书在编写中，也参考了大量相关资料，一并表示感谢。

由于作者水平有限，难免有不妥之处，敬请读者交流指正。

岳素萍

2023 年 2 月

目　录

第一章　概述

——关注隔代教养

祖辈参与对孙辈的隔代教养在我国已是普遍现象，祖辈已经悄然成为0~6岁儿童成长的重要陪伴者，陪伴的时间甚至超过了父母陪伴的时间，对儿童的性格培养、习惯养成、能力开发都起着重要作用。虽然隔代教养有利有弊，但事实上也是我国当前儿童养育的主要形式，所以我们不是拒绝隔代教养，而是要了解如何去做好隔代教养，提高隔代教养的质量，更好地促进婴幼儿的良好发展。

第一节　隔代教养的社会现状

案例呈现

张奶奶一直在老家务农，她的儿子大学毕业后留在了省城，孙子毛毛出生，张奶奶被儿子从老家接到省城帮忙带孙子，像张奶奶这样进城帮着带孩子的老人有很多，在张奶奶儿子家的小区里，就有王姥姥、李奶奶等很多人，好在大家经常带着孩子在小区里一起玩耍，也会互相交流聊聊天，倒也不算很寂寞。

在中国传统社会里，一直有老人带孩子隔代教养的传统。以前的大家庭里，祖父母、父母、孩子，一大家子生活在一起，大家一起抚养儿童成长，祖父母自然参与孙辈的教养，含饴弄孙也一直被认为是老年人的幸福生活之一。但这种情况下主要的养育任务还是父母，祖父母只是起辅助作用。

现代的年轻人大多是和父母分开住的，有的甚至不在一个城市，当有了孩子后，由于年轻的父母还要工作，在职场打拼，这个时候，老人适当适时的帮忙就显得尤为重要。许多祖父母、外祖父母为了孙辈的成长、小家庭的正常运转，常常放弃了自己的正常生活，甚至离开自己原来的住地，来到孩子家里，义无反顾地承担起照顾孙辈的重担。

在新时代人口政策背景下，政府鼓励年轻父母生育已经成为国计民生的大政方针，但是在政策面前，年轻的父母却不能做到一往无前，最主要的就是担心孩子的养育问题。对于年轻父母来说，一方面正处在工作上升的黄金时段，需要努力奋斗，为自己的事业发展奠定基础；另一方面，车贷房贷、养孩子、对美好生活的追求等，也让年轻父母背负了很多经济等方面的压力，所以不得不更加努力地打拼和奋斗。

当前国家大力提倡托育机构的发展，但是很多家庭，尤其是祖父母健康状况还可以的情况下，年轻的父母更愿意把孩子交给自己家里的老人带。因此，祖辈参与对孙辈的隔代教养无论在我国城市和农村都占有很大的比例，已成为普遍现象。一是农村父母外出打工，把孩子全部留给祖父母照料，成为留守儿童；二是城市的年轻父母忙于职场打拼，无暇照顾孩子，有的是交由祖辈带回老家养育，有的是接老人来同住，白天父母上班，主要交与老人照料，晚上或某个时段父母可参与陪伴。当然还有因父母异地工作、出国留学、婚姻问题等，把孩子交由老人抚养的现象。

我国儿童由祖辈教养的（包括完全教养和参与教养）占比过半，来自中国家庭的相关调查数据显示，有66.47%的城乡家庭是由老人帮助子女照料孙辈，隔代抚养孙辈的女性老人的比例在城乡更是分别高达71.95%和73.45%。儿童年纪越小与祖辈共同生活的比重越大，0~5岁儿童的日常照料人、教育承担人除母亲外，主要就是祖父母，2岁半前儿童由祖辈老人参与教养的比例高达60%~70%，其中30%甚至由老人独立教养；3岁后儿童大多进入幼儿园，祖辈直接照料比例下降至40%左右。

祖辈参与孙辈的教养，甚至成为0~3岁儿童成长的重要陪伴者，陪伴的时间甚至超过了父母陪伴的时间，对儿童的性格培养、习惯养成、能力开发都起着重要作用。我们关注隔代教养，主动去提供正确的支持，不仅有利于儿童的健康成长，也有利于祖辈自身的身心健康和家庭的和谐发展。

// 指导建议

学习了本节的内容，我们知道了隔代养育已经是现代社会普遍存在的客观现象，作为祖父母或者外祖父母，应积极正面理解这一现象，理解年轻父母的不容易，在健康、时间、精力都允许的情况下，可适时帮一把。

第二节　隔代教养的利与弊

案例呈现

张奶奶刚到儿子家帮忙带孙子毛毛时，儿媳儿子都很高兴，一家人其乐融融。可是时间长了，就产生了一些矛盾。张奶奶的儿媳妇是一位小学教师，对毛毛要求很严格，比如要求孩子少看电视、生活要有规则，张奶奶却认为孩子只要不哭不闹就好；妈妈认为吃饭不应该挑食，奶奶认为他喜欢吃就多给他吃点；妈妈认为孩子要自己吃饭穿衣服，自己的事情自己做，奶奶认为他这么小会什么，以后自然会做；等等。小到具体的一件事，大到教育理念的不同。儿媳有时候会给张奶奶讲要这样要那样，张奶奶心里很委屈，自己也养大了几个孩子，怎么到这里就这也不对那也不对，她甚至想要回老家去，但看着儿子儿媳上班挺辛苦，没有人帮着带孩子实在转不开，所以只好又留了下来。

隔代教养已经成为当前我国客观存在的一个社会现实，但是其有利也有弊。

一、隔代教养的益处

（一）隔代教养有利于缓解年轻父母的工作压力

现代社会生活节奏日趋加快，竞争日趋激烈，承受太多压力的年轻父母没有充裕的时间和精力来教育孩子。不管是城市的父母，还是农村的父母，都有缓解生活压力、赚钱养家的责任，有的远离家乡，有的可能除了正常上班，还要经常加班，抚育孩子需要陪伴和教育，需要处理烦琐的养育事务，需要大量的精力，祖父母的及时帮助和支持，能够让年轻父母有更多的精力投入到职场中，投入工作也有助于国家的发展。

（二）隔代教养有利于缓解家庭的经济压力

现在在大城市生活的年轻人，面临着房子、车子、对高品质生活追求的压力，要给孩子良好的生活条件、良好的教育条件。除了少数高收入家庭外，大多数家庭还是有很大的经济压力的，给孩子找保姆或者送托育机构，都会是一笔不小的支出，老人的帮忙，可以让家庭省下一部分费用，有利于缓解家庭的经济压力。

（三）隔代教养让年轻父母更放心

虽然有的家庭可能并不缺少找保姆或者送托育机构的费用，但是传统观念认为，0~3岁的孩子还是给自己人带更放心，尤其是网络上一些偶发的虐童事件,更是让爱子心切的父母不愿意让婴幼儿承担任何风险。把孩子交给祖父母就不会有这个担心,把第三代放心地交给老人,就像纽带一样,能加强老人与子女的感情。

（四）隔代教养有利于老年人的身心健康

现代社会,人的寿命延长,部分人由于下岗、内退等原因也出现了一批“年轻老人”,这为老年人提供了照看孙辈的可能性。在这一阶段祖父母含饴弄孙的“孙子疗法”,不仅给老年人增添了生活的乐趣,加强了身体的运动,而且也促进了身心健康的良性循环,使他们重新体会自己的价值,实现更完善的自我整合。因此,对于我国的大多数老年人而言,照看孙辈也有利于祖父母的身心健康。

（五）隔代教养某些特点有利于孩子成长

祖父母有更充足的时间与耐心同孩子沟通,情绪相对来说更加安详平和,能够更专注地倾听。年轻父母可能没有充足的育儿经验,一般父母对孩子要求严格,当孩子犯了错,或者成绩不理想时,更容易生气,甚至做出一些不理智的行为,这个时候,祖父母可能就是儿童的避风港,也是有效缓冲父母戾气的保护带,但是这不同于不分是非的包庇,而是在明辨是非的基础上基于老人的经验和智慧的介入。祖父母的陪伴、祖父母的故事、祖父母的美食,是很多人童年最温馨的记忆,也有助于培养孩子对祖父母的感情依恋,和对家庭家风的传承,三代家庭的儿童更容易形成包容差异的品质，社会能力更成熟。而且祖父母的参与，也可以使年轻父母有更多的精力和良好的情绪来陪伴儿童的成长。

（六）适时帮一把有助于家庭和谐

作为一个小家庭，孩子小的时候，正是年轻父母最忙的时候，在职场上处于上升期，家庭里孩子的照料正需要人手。所以在这个时期，老人如果能够适时帮一把，帮着带孩子，有助于小家庭的正常运转，也会让年轻人更感激老人的付出和帮助，有助于加深祖孙三代的家庭情感，让家庭更和谐。当然，如果老人因健康或者其他原因无法帮忙的时候，年轻人也应该理解并接受，毕竟老人已经把我们养育大，并没有义务帮我们带孩子。

二、隔代教养的弊端

（一）隔代教养可能会影响亲子感情

孩子更多地与祖父母在一起，超过了与父母在一起的时间，尤其是把孩子全托付给老人，父母只在假期匆匆忙忙看一次或者寄礼物回去，这种情况下儿童的正常依恋难以形成，会把抚养自己长大的祖父母或外祖父母看作最亲的人，而对自己的父母却有了陌生感，亲情疏远。当爱而不得的时候，甚至有可能产生怨恨情绪，对后期的教育形成阻碍，也容易潜伏下后期的情绪或者人格问题。所以如果条件允许的情况下，建议父母和祖父母与孩子同住，这样父母晚上下班后还能参与孩子的成长中，一起教养、一起成长，不至于造成亲子感情疏离。

案例链接

我要回我家

亮亮1岁多的时候，妈妈又怀孕了，于是就把亮亮送回了乡下，托奶奶抚养。亮亮3岁多的时候，被接回来上幼儿园。可是亮亮在家里总是怯生生的，不能像弟弟那样和妈妈亲亲热热地撒娇腻歪。每当亮亮伤心的时候，就会哭着说："我要回我家，我不在你家了。"妈妈又好气又好笑地说："这不是你家，那你家在哪里？"亮亮就会接着说："我的家是奶奶家，这里是妈妈家。"显然，在亮亮的内心中认为奶奶家才是自己的家，这里是妈妈和弟弟的家。孩子的内心缺少"家"的归属感，以及"家"应该带给他的安全感。

在笔者咨询过的很多儿童案例中都显示，父母过少地陪伴孩子的童年，都会或多或少给孩子的心理成长带来一定的问题，所以还是建议父母尽可能多的创造机会、腾出时间，高质量地陪伴孩子。

（二）隔辈亲影响孩子的健康发展

隔辈亲现象在我国非常普遍，年轻时由于工作忙、脾气不好等原因，感觉没有好好对待自己的子女，多数老人容易对孙辈无原则地溺爱，百依百顺、有求必应，在教育方式上更多采取娇惯、包办代替，甚至偏袒、姑息和纵容。例如孩子一哭就什么都满足，孩子喜欢吃什么就一直做什么，妈妈不让喂饭就偷偷喂，给孩子擦屁股、提裤子等，怕在地上凉着手、怕摔倒等。过度保护，反而会在不知不觉之中剥夺了很多孩子锻炼的机会，以至于有的孩子该上幼儿园了，不会自己吃饭、上厕所，造成畏难情绪，给幼儿园适应带来困难。祖辈无原则迁就与包办代替，容易造成孩子任性、懒惰、以自我为中心、缺乏团结协作精神等不良性格，或专横跋扈、胆大妄为，或性格孤僻、胆小退缩，为将来的适应社会造成困难。

案例链接

我们偷偷看……

张奶奶的儿媳对毛毛要求很严格，说看电视多了毁眼睛，每天只允许上午半个小时、下午半个小时的看电视时间。可是每当妈妈不在家的时候，毛毛就闹着要看电视，奶奶拗不过，只好开了电视，说好半个小时就关，可是一关电视毛毛就哭闹，没有办法，只好一直看下去。张奶奶跟毛毛说："妈妈回来，可不要告诉妈妈我们一直在看电视啊。"

当两个人一听到妈妈开门的声音，就会赶紧关掉电视，妈妈一进门，毛毛紧张地看着妈妈说："妈妈，我没有看电视。"奶奶很尴尬，妈妈也很无奈。

类似的事情很多，长期这样下去，一是很难给孩子建立稳定、良好的生活习惯和行为规则；二是会让孩子学会说谎；三是会让孩子学会阳奉阴违、说一套做一套。所以张奶奶应该理解并遵守孩子妈妈制定的规则，如果是对孩子长远发展好的，就应该与妈妈保持一致，对毛毛统一要求。

（三）容易与年轻人的教育观念不一致

由于祖辈家长受历史条件和自身年龄特点的局限，思想观念、思维模式都比较陈旧，尤其在新知识的接受和高科技能力的发挥等方面跟不上时代，不可避免会和年轻的父母存在一些教育理念或者方式方法上的不一致。就像上述案例中，毛毛的妈妈与奶奶在对孩子的日常照料时，小到具体的一件事，大到教育理念的不同，都有可能产生分歧，这个时候如果双方不能互相理解，就会产生家庭矛盾。同时，照料及教育模式不同会给孩子一种混乱感，让孩子无所适从，或者在不同的人面前做出有不同的行为，难以形成稳定的行为准则。

（四）缺乏相关知识形成养育困难

许多老人并没有学习过专门的育儿知识，对儿童的心理发展特点、生理需求、教育知识都不专业，基本上都是靠经验，但是经验有时候是正确的，有时候是不正确的，祖辈并没有去认真分析和总结，许多行为都是随意而为之，可能就会有一些不科学的养育行为。如有的缺乏现代营养学等知识，只给孩子吃鸡鸭鱼肉或零食，而钙、铁、锌、钾等微量元素和维生素摄入很少，由于营养不足、过剩或不平衡，形成贫血、佝偻病、锌缺乏和肥胖症等营养代谢病，严重影响了儿童身体健康和心理发育；如有的没有良好的卫生习惯，认为不干不净吃了没病；还有的逗着儿童说妈妈不好，甚至骂人，感觉很有趣。这些都会对儿童的发展带来不良影响。所以新一代的祖辈们，要想当一个合格的养育者，不能仅仅抱着自己的经验，要积极学习现代专业的育儿知识，提高自己的养育理念和能力，这样才能跟上时代发展的步伐。

（五）一定程度地影响男孩子性别角色定型

调查发现，隔代抚养孙辈的老人女性所占比例在城、乡分别高达71.95%和73.45%，隔代抚养中男性祖辈的角色弱化使儿童教育处于女性文化状态之中。有些心理学家认为，男孩往往因为得不到同性的教育而影响其“男子气”的发展，他们依赖性强，有较多女子倾向，会在一定程度上影响男孩子的角色定型。

三、做好隔代教养对儿童发展的意义

隔代教养有利有弊，但隔代教养是我国当前儿童养育的主要形式，所以我们要努力做好隔代教养，提高隔代教养的质量，更好地促进婴幼儿的良好发展。

0~6岁是儿童智力发育、个性塑造、习惯养成的黄金时期。国际教育成就协会的一项研究表明，家庭与幼儿园相比，家庭对幼儿的兴趣、爱好的影响是70%~75%，对其认知的影响是30%~50%。心理学认为，在人的生命历程中，早期经验对其身心发展起着关键作用。因此，我们应该积极形成正确的教育理念。提高教养知识和技能，改变祖辈的教育理念，提升隔代教养的质量。

//指导建议

学习了本节的内容，让我们知道了隔代教养有利有弊，新一代的养育者要多学习儿童养育的知识，积极发挥隔代教养的优点，尽可能避免隔代教养的不足。

第三节　隔代教养的原则

案例呈现

丽丽3岁了，除了上幼儿园，还有各种兴趣班。帮忙带丽丽的爷爷说起来就来气，他认为儿子儿媳给孩子的压力太大了，各种补习班占满了孩子的休息时间，孩子每天除了学习还是学习。一天，爷爷实在憋不住了，和丽丽的爸爸吵了起来，“孩子现在像个转盘，每天在家、幼儿园和各种兴趣班之间来回转，她能有多少精力？”“爸，现在的孩子都是这样，如果丽丽不上的话，就跟不上别人了！”“不上兴趣班的人多了去了，再说你小时候我也没让你上什么兴趣班！”“现在时代不一样了，有条件……”两代人吵得不可开交，没有注意到丽丽正在旁边看着。

由于时代不同、年龄不同、身份不同、生活环境不同、性格不同，导致祖父母和年轻父母之间有很多的不一致，包括生活习惯的不同、教育理念的不同、对待孩子的态度不同，等等，就有可能产生很多分歧，从而产生一些矛盾，如果不能及时化解，则有可能使矛盾升级。祖父母会感觉自己辛苦付出，不但不被理解，还落了很多不是，不如退出算了；年轻的父母可能会感觉虽然感谢父母的辛苦付出，但是也给自己的生活、孩子的成长带来不好的影响，又不敢说，也觉得很委屈。

那么，如何做好隔代教养，和谐家庭关系，促进儿童健康成长呢？这就需要我们遵守以下几个原则。

一、正确理解和接受生活中的不同

由于时代不同、年龄不同、身份不同、生活环境不同、性格不同，人与人之间的认知千差万别，比如从困难时代走过来的人，认为节俭是美德，剩饭剩菜都不舍得倒掉，而年轻人会更追求生活的品质，比如苹果烂了一个坑，年轻人就认为不能吃了应该扔掉，奶奶则认为削掉烂的部分，剩下的还是可以吃的；爷爷认为上桌吃饭就应该“食不语”专心吃饭，年轻父母却认为这样太沉闷了，一家人应该在吃饭的时候多交流；姥姥认为孩子看着电视吃饭不会乱跑，能吃得更多，妈妈认为吃饭就应该关掉电视让孩子专心吃饭；等等。生活本来就是由很多的不同组成的，我们不可能要求别人都和自己完全一样，即使是最亲近的家人也很难做到，何况祖父母和年轻的父母在经验、接收的信息等方面都有很多不同，最重要的是儿媳妇或者女婿，也有自己的原生家庭背景、有自己的性格，所以有不同是正常的，我们应该用淡然的心态接受这些不同，当不同产生时不要感觉过分难过，我们要做的是面对这些不同，想办法去沟通化解和接受。

二、找准角色定位，做好配角

（一）父母是子女教育的第一责任人

案例链接

孩子是你们的

刘奶奶在帮儿子带孙女，2岁多的女孩很可爱，但是一天下来，又是陪孩子玩，又是做饭、做家务，刘奶奶感觉很累，就想着等到晚上儿子儿媳回来后能歇一歇。可是每天小夫妻要么有应酬回来得很晚，要么回来也是继续忙工作，或者就是感觉上班挺累，孩子和父母亲热一会儿后，就会被打发去找奶奶。

父母永远是子女教育的第一责任人，也是对子女终身发展影响最大的人，这首先是从法律上的规定，教养子女是父母的责任和义务。其次，从儿童的成长来看，亲子关系是对儿童发展影响最大的因素，如果亲子关系不好，会给儿童后期的成长带来很多问题，比如逆反、亲情疏远、性格古怪等。因此，父母要合理安排工作和家庭的关系，尽量腾出时间陪伴孩子，承担起教养孩子的主要责任，不能以工作繁忙等为理由，把孩子全部托付给老人。

父母要放下手机和工作，腾出时间高质量地陪伴孩子，共度亲子时光，这也是难得的珍贵的亲子时间，同时也能够让老人歇一歇，两全其美。

（二）老人做好配合

案例链接

让你妈妈回来管你

2岁的天天生气了，拿着东西乱砸，锅碗瓢盆扔了一地，奶奶一边收拾，一边求着天天："小祖宗啊，求求你，别扔了，你要什么奶奶给你还不行吗？"但是天天依然怒气不息，继续气愤地乱扔着东西。奶奶又气又急，瘫坐到椅子上说："好，我管不了你，等你妈妈回来管你吧！"奶奶只好坐在一边无奈地叹着气。

首先，老人并没有责任和义务一定要养育孙辈，而是出于对儿子女儿的关心和支持，发挥余热，帮忙照料。所以子女要理解并感谢老人的主动帮忙，如果老人因身体或者其他原因不能帮忙，子女也应该理解并接受。其次，老人也要找准定位，不能全面代替父母的职责，不能越界，比如涉及孩子的教育方式、教育理念、是否上亲子班、上哪个幼儿园等决策性问题，要让孩子父母做决定，自己做好配合就行。

祖父母要牢守一个原则，就是在孩子的教育中，我是配角，不是主角，自己做好配合就行，千万不能包办代替，过分越界，否则可能就会引起年轻人的反感。

老人是配角不等于不用懂教育，有的老人会认为"教育是父母的事，我只用管好孩子的吃喝生活就行"。但是对于0~6岁的儿童来说，教育和生活是紧密不可分的。教育不是讲大道理，也不是教会孩子认识了多少字，反而是在日常生活中的一言一行、吃饭、玩要、生活规律、讲礼貌、爱护小生命等具体的生活事件中，潜移默化地形成了儿童的性格和世界观。如儿童玩耍过后，玩具撒了一地就跑了，奶奶后面跟着收拾，就给孩子留下了“我只管玩，不用管收拾”的感觉，将来上学后，自己的学习用具也会经常乱七八糟不收拾。孩子不小心摔倒了，哭了，姥姥上来一边哄孩子一边打地上的石头说：“都怨你，都怨你，绊倒了我的孙子。”这样就容易给幼儿造成一切都是别人的错，和自己没有关系的心态，以后遇事就不会从自我分析问题，不愿意承担责任；“我管不了你，等你妈回来再管你”，这样的话会让孩子认为妈妈在场就要小心翼翼，妈妈不在的时候就可以无法无天了，更加任性。

隔代养育的祖父母虽然是配角，但是却有大量的时间可以和孩子在一起，而 0~6 岁又是孩子性格形成的关键时期，所以无形之中，祖辈就成为孩子成长中的重要影响者，应该懂一些儿童的教养知识，一方面对孩子的成长有利，另一方面也容易和年轻人达成教育理念的一致性，减少分歧和矛盾。

（三）一致性原则

案例链接

天鹅、梭子鱼、虾拉车的故事

天鹅、虾和梭子鱼是三个好朋友，它们三个商量着，准备一块儿拉车子到城里去。这天，它们把车子准备好，东西也都放上去，三个好朋友把拉车的绳子套到身上后，开始拉车了。可是，它们使尽全身力气，车子却一动也不动。

它们三个喘着粗气，仔仔细细地检查了一遍，也没发现任何毛病。天鹅继续展翅飞向高空，虾把绳子套在身上拼命往后退，梭子鱼拉住另一个绳头，往池塘底下猛拽。它们三个都在拼命地拉，可是忙了半天，车子还是在原处没动。这时候，天也不早了，它们心里都特别着急，休息了一会儿，又准备上路了。在天鹅的一声号令下，三个朋友再一起使劲儿——飞的飞，退的退，钻的钻，天鹅累得脸发白，虾累得满脸通红，梭子鱼累得更惨，全身土灰色，像要死了一样。可是车呢，却好像故意和它们作对一样，照样在原地，一动也不动。

看了上面的寓言故事，我们都明白，做一件事大家要保持一致，力气往一处使，才会达到目标。对孩子的教育更是如此，我们也要目标一致、要求一致，才能有效果。如果一家几口人，每个人的要求都不一致，孩子就会不知道该听谁的，或者学会了察言观色，在不同的人面前表现不一致。

祖辈做好配角，是积极一致的合力配角，而不是让年轻父母烦恼的反向力量的配角。所以家庭中要经常沟通，对孩子的教育要达成一致，形成一个准则，不要出现爸爸严格要求，奶奶就在一边说“你小时候还不如他呢”；妈妈让睡觉，奶奶却说“高兴就再玩一会儿”；妈妈不让吃零食，姥爷就偷偷揣着零食带孩子到外面吃等现象。

三、相互理解和尊重

（一）年轻父母理解老人带娃的不容易，尊重其付出

相互理解主要是指年轻父母和祖父母之间要相互理解。祖父母理解年轻夫妻的不容易，愿意牺牲自己的自由时光，主动来带孩子，付出很多，但却不被理解、不被认可的话，就会产生负面心理，严重的甚至可能产生抑郁情绪。

案例链接

妈妈的妈妈

为了支持女儿的工作，胡妈妈退休后义无反顾地远离家乡来帮女儿带娃。

妈妈毕竟年纪大了，带娃时难免有很多地方力不从心。

外孙女发高烧了，妈妈用以前照顾女儿的方法，给孩子捂了厚厚的被子，却被女儿狠狠"训斥"：

"这都什么年代了，还用那一套老方法？"

"我工作压力这么大，你到底是来帮我的，还是……"

女儿的话没有说完，妈妈却全都明白了。她愣愣地站在原地，像一个做错事的孩子一样羞愧地低着头。

女儿要抱着孩子去医院，焦急的妈妈也想跟着去，却遭到了拒绝："您别去了，去了我还要照顾您！"

在女儿出门后，坚强的妈妈终于再也忍不住失声痛哭起来。明明尽了全力帮女儿带娃，没想到却被女儿深深地嫌弃。

妈妈觉得自己没用极了，打包了行李，准备回老家，不想再给女儿添乱。临走前，她还惦记着女儿和外孙女，给她们包了一桌子的水饺。

改编自公益短片《妈妈的妈妈》

其实老人大多是为了减轻儿女的生活压力，才选择了异乡带娃。可能语言沟通会有困难，可能生活习惯会不适应，离开了自己熟悉的环境，他们在这里可能找不到家的感觉。一般来说，老人的体力精力都不如年轻的时候，带一天娃，身心都是非常疲惫的，而且有的还要担心老伴的生活没有人照料，等等。

年轻父母要设身处地理解老人的不容易和带娃的辛苦，以及被我们抱怨后的心情，所以在生活中要多体贴老人、关心老人，在言语和行动中体现出对老人的尊重和认可，在特殊日子可以用礼物表达谢意，礼物不在多少而在于心意。回到家后，积极参与带娃，一是给自己创造亲子时光，增强亲子感情，二是也能让老人歇一歇，给老人留一些个人的时间和空间。

（二）祖父母理解年轻人的不容易，尊重其教育理念

相互理解和尊重也包括祖父母对年轻父母的理解，一是要理解他们生活的不容易，职场的辛苦；二是要多包容，如上所述，由于环境不同、经历不同，自然有可能产生不一样的观念和想法，双方要互相理解和包容；三是要尊重他们的育儿理念，可以沟通但不可以强求，要做好配角和支持，更不可以在孙辈面前贬低和否定父母的付出，这样会对亲子关系造成很大的伤害。

案例链接

她是我亲妈吗?

王女士的儿子在寄宿学校上五年级,可是近两年孩子总是以生病为理由不去学校,带孩子到医院检查又查不出什么问题,医生建议带孩子看看心理医生。

面对心理医生,王女士很痛苦地说道:"我工作很忙,孩子从小由奶奶带大,奶奶总是在孩子面前说我的不好,说我根本没有照顾过儿子,把我的付出都给抹杀了,把孩子也娇惯坏了。寄宿学校不自由就找理由请假,医院说没有病,不给开药,奶奶就会带着孩子到小区诊所偷偷输液,给孩子灌输自己就是生病了的思想。"

心理医生和五年级的儿子小宇谈话,小宇又气愤又伤心:"我从小是奶奶带大的,奶奶说妈妈除了让我吃过几口奶以外就没有管过我。我是真的生病了,她却不让我吃药不让我输液,奶奶心疼我,才会偷偷带我去输液,被我妈知道了,还吵奶奶。奶奶会偷偷哭着说有病不看,总不能就这样看着他死了啊!我就不知道她到底是不是我亲妈,为什么对我这样狠呢?"

从以上案例可以看出,王女士和儿子小宇的亲子关系存在很大的危机,而奶奶在其中起了负面的作用。奶奶可能无意之中为了强调自己的付出,就把妈妈的作用给抹杀了,而且经常给懵懂未知的孩子说否定其母亲的话,这些话深深地印刻在孩子的心底,成为心结,影响亲子关系,为后面的矛盾埋下隐患。所以老人在付出的同时,还要注意不要在孩子面前否定父母,要肯定父母、为父母树立正面形象，让孩子理解父母的不容易，共同为建立良好的亲子关系而努力。

四、学会及时沟通

（一）及时沟通有助于达成教育的一致

在家庭教育中，教育理念和行为的一致对孩子很重要，及时沟通，互相倾听，有助于家庭教育理念的一致，对孩子才能保持一致的教育行为。比如奶奶坚持给孩子喂饭、帮助孩子上厕所，妈妈应该耐心地给奶奶讲孩子学会自己吃饭自己上厕所的好处，自理能力对适应幼儿园生活的重要性，让奶奶理解并愿意配合。再如上面王女士的例子，如果能和婆婆及时沟通，让婆婆理解亲子关系的重要性，理解孩子现在是心理问题不是生理疾病，才有可能达成行为的一致，不会出现教育拉扯的现象。

（二）及时沟通可以减少误会

在生活中，有时候表达不充分或者表达方式不合适等都可能产生误会，如果不能及时进一步沟通疏解的话，矛盾累积就会越来越大。尤其是在婆媳关系之中，不像母女之间沟通更流畅，双方经常会存在很多委屈又都不好意思说，直到某一天爆发就有可能牵一挂二，一下子抱怨出很多事来，又不知道该怎么解决，致使矛盾升级。

案例链接

婆婆生气了

刘女士的女儿田田2岁半，为了准备适应幼儿园，妈妈锻炼田田自己吃饭，可是一直被奶奶喂着吃饭的田田，端着饭碗很长时间，碗里的饭都不见明显减少。妈妈从温柔变成暴躁，忍不住就会呵斥孩子，但是呵斥完以后又会后悔自己太粗暴了。这天妈妈又因为看到田田慢腾腾地有一搭没一搭地吃饭，又控制不住发脾气了，她生气地把田田的小碗夺过来说："不想吃别吃了，饿着吧。"

上班以后，刘女士越想越后悔，感觉对孩子缺乏耐心，这样对孩子不好，于是她情不自禁地拿起电话，打给奶奶说："田田不想吃就不吃吧，不要吵她了。"

下班回到家后，刘女士发现婆婆很不高兴，和婆婆说话，她也不搭理自己。刘女士很纳闷，不知道自己哪里惹婆婆生气了，一直到第二天还是这样。刘女士沉不住气了，于是小心翼翼地问婆婆怎么了。婆婆很生气地说："我是亲奶奶啊，我会虐待孩子吗？你要不放心你就找别人来看孩子吧！"刘女士一下子懵了，不知此话从何说起，细问之下，才知道是那个电话惹的祸。那个电话实质上是刘女士对女儿的愧悔之情的表达，但是奶奶误认为是对自己不放心的表达，才产生了这样的误会。所幸的是，通过及时沟通解释清楚了误会，才没有影响家庭关系。

生活中类似这种鸡毛蒜皮的小事有很多，我们要学会宽容并及时沟通，有利于达成一致，解除误会，促进家庭和谐。

（三）沟通要彼此尊重

被尊重的感觉是每个人都希望得到的，尊重是成功沟通和交流的前提。在沟通的时候，首先要态度上尊重对方、语言上尊重对方。比如对老人先给以尊重的称呼，然后体谅老人的辛苦。祖父母对年轻人的沟通也需要尊重，比如认真倾听、虚心请教，不急着否定等，尊重意味着肯定。也就是说要给予对方基本肯定的前提下，对具体的某一问题提出探讨，这样双方才更愿意听取对方沟通的内容，不会先入为主地认为“对方又在挑我的错”“我怎么做都不对”，而做出不好的情绪预备。

（四）沟通要去除成见，认真倾听

因为每个人对某件事都有自己原来的观念，如果固执己见将无法听取对方的意见和建议，沟通自然也不会有效果，所以在沟通的时候，我们需要有意识地去除成见、认真倾听对方的话语，然后心平气和地互相交流。年轻父母可以听一听祖父母的经验，有的经验确实能避免我们走弯路。祖父母也不要总认为“我过的桥比你走过的路都多”，总觉得自己经验多，毕竟时代在变，思想观念也在变，多听听年轻人的想法，也会让自己更能跟上时代的发展。

（五）沟通要就事论事

沟通要就事论事，单纯地说具体的某一件事。教育观念不是一天就形成的，一口也吃不成胖子，所以改变一个人的观念也不是一次沟通就能解决的。每次沟通就局限在一件事情上，不要说着第一件事就又牵扯出第二件事，由第二件事扯到第三件事，结果说着说着就跑题了，也忘了到底要说什么，冲淡了主题不说，还容易引起对方的反感，容易产生“难道我都不对”的错觉。沟通要局限在某一件事上，更忌讳对这个人的整体否定，如有的年轻人不假思索会脱口而出“妈，你怎么总是这样惯着她？”或者“你家就都是这样的人”等类似的话语，这样的沟通从一开始就注定了失败，而且还会造成家庭关系的不和谐。

（六）沟通要选择适宜的场合和时间

有效的沟通还要选择适宜的场合和时间，比如当着孩子的面或者当着外人的面，就只适宜夸赞，不适宜说想要让其改变的不合适的内容。还要选择氛围和谐，容易听进去的时候，有时候还需要做一些铺垫。如果家庭中能够为了孩子的教育，每周能有一个固定时间沟通的话，效果会更好，当然沟通的艺术还要看每个人不同的性格，性格不同沟通的方式也不一样，但是最重要的前提就是真诚，一切为了孩子。

五、做好孙辈的玩伴

隔代教养的客观事实，让祖父母成为儿童早期的陪伴者。由于儿童成长的特殊需要，祖辈不仅仅是提供吃喝的生活陪伴者，还可以找回童心，做好孩子的玩伴。可以回忆一下祖辈小时候的游戏，多和孩子做游戏，一个简单的游戏可以让孩子快乐半天；可以多和孩子讲故事，讲一讲祖辈以前听过的传统民间故事，讲讲自己家庭的故事，讲一讲爸爸妈妈小时候的故事，既可以丰富孩子的语言，提高倾听的能力，还能培养孩子丰富的情感；可以带孩子做一些简单的手工和家务，比如带孩子一起择菜、包饺子、玩玩具等，既参与了劳动，还锻炼了孩子的各项能力，密切了情感的培养。在这些快乐的时光里，祖辈无形中把生活经验、社会文化传承给孩子。同时，也要调整心态，多一些耐心，多一些豁达，多一些快乐，与孩子一起玩起来，体验更多含饴弄孙的天伦之乐。

六、积极学习儿童教养知识

老人虽然拥有丰富的经验，但是也不得不说有的经验已经过时，或者说有的经验本来就是错的。育儿是一门科学，就像种庄稼一样，科学的种植方法远比传统的仅凭经验的种植效果要好得多，随着儿童心理学、儿童教育学的发展，很多教育学家从建立在大多数儿童成长轨迹上的研究中总结出来的育儿规律，肯定要比个人的经验更科学，所以积极学习新的育儿知识，可以更好地促进儿童的健康成长，跟上时代的步伐，更可以帮助祖辈在与年轻父母沟通交流的时候拥有更多的话语权。

七、留给自己的精彩

祖辈带孙是对儿女的关爱和奉献，但是在奉献的同时不能完全忽略自己，也要同步安排好自己的生活，让自己的生活也多一些精彩，这样才会有更好的身体和心态投入带孙的活动中。首先，要注意适当休息，孩子父母不在家的时候自己带，父母回来就把孩子交给父母，这样既能腾出宝贵的亲子时光，也能让自己歇一歇，换换感觉；其次，要适当安排一些自己喜欢的娱乐活动，比如跳广场舞，和其他老人聊聊天、散散步等；最后，要关注自己的身体，有病及时看，不要硬撑，如果自己的身体不能胜任看孙子的重任，也要和子女提出来商量妥善的解决办法，比如请人帮忙、自己协助等，总之，家庭中坦诚相待、彼此关爱，才会有更美好的未来。

// 指导建议

学习本节的内容，让我们知道了做好隔代教养并不容易，祖辈们在做好准备付出的同时，还要正确理解和接受彼此生活中的不同，找准自己的角色定位，做好配角，尽量与孩子父母保持教育的一致性，相互理解和尊重，学会及时沟通，求大同存小异，做好孙辈的玩伴，积极学习儿童教养知识，还要照顾好自己，留给自己的一份精彩。

第二章 养育

——身体健康是儿童成长的基础保障

婴幼儿时期是儿童生长发育的关键时期，这一时期大脑和身体都在快速发育。如果能够为婴幼儿提供良好的养育照护和健康管理，将有助于他们在生理、心理和社会能力等方面得到全面发展，为儿童未来的健康成长奠定良好的基础。而作为婴幼儿养育与照护主阵地的家庭，更应该担当起责无旁贷的养育照护责任，无论是父母还是隔代祖父母都应该掌握必备的婴幼儿养育知识，从而更高质量地照顾好儿童的基本生活，解决儿童养育的细节问题，培养儿童良好的生活习惯。

第一节 照顾好儿童的基本生活

由于婴幼儿的生长发育迅速，但生理机制发育并不成熟，因此作为婴幼儿主要日常生活照护者的祖父母们，需要为儿童的日常生活提供必需的物质和心理环境，在遵循儿童的生长发育规律的基础上，为儿童提供科学、适龄的高质量养育条件，全面照顾好儿童的生活。

一、为母乳喂养加油

案例链接

王奶奶家的媳妇小璐很时髦，不知道从哪里看到明星为了保持身材都不给孩子喂母乳，而是买各种昂贵的奶粉给孩子喝，越贵的奶粉营养价值越全面，孩子喝了越聪明。孩子还没出生，媳妇就开始安排回奶的事儿了。王奶奶觉得住月子中心、请月嫂这些事她都依着儿媳妇，可不让孩子吃母乳她确实接受不了，可又不知道怎么做儿媳妇的工作，可把王奶奶愁坏了。

世界卫生大会向全球倡议：最初 6 个月纯母乳喂养，并坚持哺乳 24 个月或以上，是人类哺育婴儿的最理想方式。世界卫生组织于 2002 年就制定了《婴幼儿喂养全球战略》，提出要达到 6 个月内婴儿 100%纯母乳喂养的目标。

母乳喂养的优越性不胜枚举：一是母乳中含有更多为婴儿大脑供给能源的乳糖、牛磺酸、不饱和脂肪酸等物质，有利于婴儿大脑的发育；二是母乳中的乳清蛋白更利于婴儿吸收消化，母乳的直接喂养方式最大限度地保留了维生素 C 等极易分解的营养成分；三是母乳尤其是初乳中的高蛋白、低脂肪及较多的免疫物质，能够提高婴儿的抵抗力；四是母乳喂养可以让婴儿感受到更多的母爱，有利于亲密亲子关系的建立；五是哺乳可以促进母亲子宫收缩，有利于产后复原，还可以消耗体内脂肪，有利于产后塑形，降低患乳腺炎的概率（图 2-1）。

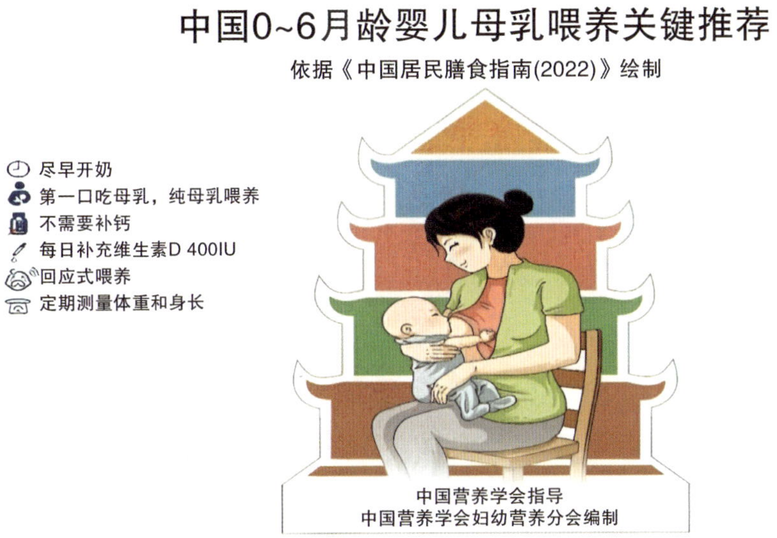

图 2-1　中国 0~6 月龄婴儿母乳喂养关键推荐

因此，案例中小璐的担心没有必要，因为母乳喂养对于她产后塑形只有好处没有坏处。作为祖辈的爷爷奶奶、姥爷姥姥更应该给予大力支持。

在选择母乳喂养时，作为妈妈的照护者与陪伴者的祖辈们，也有一些注意事项：首先，考虑妈妈的身体状况，如果患有严重的妊娠高血压、产后抑郁或身体过于虚弱，可能不适合母乳喂养；其次，在妈妈患病期间，尤其是传染性疾病，需要暂时隔离妈妈和婴儿时，可由祖辈辅助将挤出的母乳喂给婴儿，如果疾病会影响母乳的品质，则应让婴儿暂时喝奶粉；再次，祖辈要及时提醒婴儿妈妈，最好在外出前或运动前哺乳，建议在炎热的夏天或母亲剧烈运动后，要休息一定的时间后再哺乳，以免乳汁中乳酸的含量影响婴儿对母乳的接受程度；最后，在母乳喂养的过程中，祖辈要为母亲提供尽可能的支持服务，确保母亲心情愉悦，以保证母乳质量并促进亲密亲子关系的形成。

（一）母乳喂养的原则

1. 尽早开奶

婴儿出生后 1 小时内开奶，增加母婴间的肌肤接触，让婴儿多吸吮乳头和乳晕，刺激母乳分泌。出生后体重下降只要不超过出生时体重的 7%就应坚持纯母乳喂养。婴儿吸吮前不需要过多擦拭和给乳房消毒，通过精神鼓励、专业指导、愉悦心情等辅助产妇开奶。

2. 坚持 6 月龄内纯母乳喂养

母乳喂养是婴儿出生后的最佳喂养方式。婴儿出生后若无特殊情况不要提供母乳以外的任何食物，坚持让婴儿直接吸吮母乳，尽量不采用奶瓶喂哺挤出的母乳。应坚持纯母乳喂养至婴儿满 6 月龄，如有特殊情况需要在 6 月龄之前添加母乳以外的食物的，应咨询专业医务人员后再做出谨慎决定。配偶和家庭成员应大力支持和鼓励母乳喂养。

爱的叮咛

哺乳期间妈妈能外出吗？

答案肯定是能。妈妈如果不在婴儿身边，应保证每 4 小时排空一次乳房，并用专门的奶袋冷冻储存母乳，留给婴儿。但如果妈妈外出时间超过一周或没有“冷冻储存”的条件，挤出的母乳就只能丢掉了，同时还会有回奶的风险。因此哺乳期间不建议妈妈长时间远行。如确需长时间远行，建议祖辈带娃陪同外出，这样既不会耽误婴儿吃奶，又不影响妈妈的工作，只是祖辈要多多辛苦了。

另外要注意，母乳回温加热时，应采用水浴加热的方式，并及时关注母乳的实时温度，热到 37 ℃～40 ℃即可，温度如果再高会破坏母乳的营养成分，或者采用专门加热的温奶器也可以。

3. 回应式喂养

对于4~6个月内的婴儿，一般建议“按需喂哺”。即只要婴儿想吃，就可以随时喂哺，或者妈妈的奶阵到了，孩子也肯吃，也可以喂哺，而不用过度追求严格的喂哺时间表。“按需喂哺”既可以及时排空乳汁，又可以通过婴儿的吸吮刺激脑下垂体分泌更多催乳素；少食多餐也有利于儿童的消化吸收。随着月龄的增加，婴儿胃容量的增大，会逐渐延长哺乳间隔时间，由出生时的每1~2小时一次，到3个月以后的每2~3小时一次，对于奶量充足的妈妈，3个月以后有的可以4小时喂哺一次，这样已经基本不会对妈妈夜间的睡眠构成影响。

如果婴儿3个月以后还是不满一小时就要求吃奶，家人就要注意区分是否“陪伴需求”。在不饿的情况下，妈妈要开发出多种陪伴婴儿、舒缓婴儿情绪的方法，例如与婴儿轻声细语地聊天、讲故事，给婴儿唱歌，带婴儿做游戏、做抚触，抱着婴儿跳舞等方式，让婴儿知道除了吃奶，妈妈还有许多爱他的方式。也可以尝试增加祖辈陪伴婴儿的时间，适当减少婴儿对母乳的心理依赖。

4. 不需补钙，补充维生素 D

纯母乳喂养的婴儿出生后数日开始每日补充维生素 D 10μg（微克）。纯母乳喂养的婴儿不需要补钙，需适当补充维生素 D。

5. 母乳优先

通过对婴儿的密切观察，发现确实是母乳量不足的妈妈，可以采用“混合喂养”的方式，也就是“母乳+配方奶粉”的喂养方式。混合喂养一定要坚持“母乳优先”的原则，即每次先喂母乳，母乳喂养后再补充奶粉，如果发现婴儿母乳喂养后奶粉摄入量不足，可以间隔一定的时间再补充奶粉。这种喂养方式至少要坚持到婴儿4个月后添加辅食，辅食的添加如果和奶粉的喂养量冲突，可以适当减少配方奶粉的次数，但一定要最大限度地保留母乳喂哺的量。

对于奶量实在不足的妈妈可以选择一些下奶的汤水，例如鲫鱼汤、酒酿蛋花汤等，避免食用含麦芽的食品，少吃刺激性食物。祖辈们需要注意的是，不能把妈妈当作哺乳的机器，不停地催乳，过度催乳对妈妈的身体不利，因此应在适当补充汤水的情况下结合配方奶粉喂养。

（二）科学断奶有方法

1. 断奶的方式

案例链接

王奶奶家几经波折，孙女橙橙已经接受了一年半母乳喂养了，儿媳妇小璐实在坚持不下去了，觉得已经影响到了她的工作。于是全家开始讨论给橙橙断奶的事儿。王奶奶觉得传统的断奶就是得憋回去，这样不影响第二个孩子的母乳喂养。可是小璐坚持要请回奶师，说科学回奶对妈妈很重要，否则容易引发乳腺等后续问题。

老一辈用的硬憋回去的断奶方法是不科学的，弊端很多，一是妈妈容易积奶，特别是奶水多的，严重的可能会引起乳腺炎；二是容易使乳腺过度膨胀粗大，不利于第二个孩子的喂养。现在的科学回奶方法是采用推拿加饮食调理。一方面，让回奶师对妈妈的乳房进行按摩推拿回奶，一般婴儿不吃奶 24 小时后就可以进行第一次回奶推拿，一周后再进行第二次回奶推拿，数月后再进行残奶排空即可。同时，要搭配回奶中药进行调理，也要避免食用有可能引起下奶的食物和汤水。这样科学断奶，妈妈几乎没有痛苦，也不会对妈妈的乳房造成伤害。

另外，断奶时建议婴儿和妈妈不要分离，因为断奶本身就是婴儿出生后与妈妈的一次分离，本身就是痛苦的，如果再加上见不到妈妈，婴儿就要承受双重打击，对婴儿的身心伤害很大。建议在断奶期给婴儿增加美味的辅食，同时妈妈多采用游戏、舞蹈等有趣的陪伴方式，转移婴儿的注意力，实在哭闹厉害的，可以暂时分离，等婴儿不哭闹了，还是要继续由妈妈陪伴，并采取多抱婴儿等陪伴方式，这样才能让婴儿意识到无论什么时候妈妈都是爱我的，都会陪着我，增强婴儿的安全感。

3. 断奶后的奶量补充

案例链接

一天，王奶奶、冯奶奶在小区遛娃，两人就孩子喝奶的事儿聊了起来。王奶奶问："冯奶奶，你们断奶以后还喝奶不？"冯奶奶说："喝呀，我们本来就是混合喂养的，妈妈的奶不好，所以断了奶以后也一直喝配方奶粉。"王奶奶说："我们家小璐的奶太好了，所以孩子一向不喝奶粉，这不，自打断奶以后，所有配方奶粉、纯牛奶都不喝，偶尔能喝点酸奶，这可怎么办？"

婴儿满 4~6 个月就可以根据其实际情况逐渐添加"辅食"了，但此时婴儿的"主食"还是母乳或配方奶粉。因此，不能因为添加辅食或断奶而杜绝配方奶粉的摄入。中国营养学会 2022 年发布的《中国婴幼儿喂养指南 2022》中建议，对于 7~12 个月的婴幼儿仍要坚持每日 500~700 mL 母乳的摄入，对于 13~24 个月的婴幼儿仍要坚持每日 400~500 mL 母乳的摄入。如果 7~24 个月中间给婴儿断奶，则要替换为相应的配方奶粉。因此，案例中冯奶奶坚持配方奶粉喂养的方式是正确的。

对于断奶后不愿意接受配方奶粉的婴儿，要想办法确保婴儿每日至少 400 mL 的奶粉摄入量。例如，在排除婴儿牛奶蛋白过敏等病理性问题的前提下，可以采用以下方法给婴儿喂配方奶粉：一是更换喂养人，配方奶粉由妈妈以外的人来喂食，这样暂时隔离了婴儿对妈妈和母乳味道的依恋，会减少断奶后婴儿对配方奶粉的不接受程度。二是在婴儿饥饿的时候，先喂配方奶粉，再喂辅食；

三是不要过早添加甜味、咸味、酸味过重的辅食，例如水果汁，这些味道丰富的辅食会影响婴儿对于配方奶粉的接受。

建议此阶段奶奶和姥姥多陪伴婴儿，并主要承担起配方奶粉喂养和辅食添加的责任。在婴儿度过断奶期后，如果婴儿与妈妈的亲子关系受到影响，奶奶和姥姥也要逐步拉开些与婴儿的距离，给婴儿和妈妈的亲子关系“回温”留下时间和空间。

《中国7~24月龄婴幼儿平衡膳食宝塔》中明确规定，当母乳摄入量在每日700~500 mL时，需摄入谷物20~75 g；当母乳摄入量在每日600~400 mL时，需摄入谷物50~100 g。因此，在4~6月龄后逐渐开始添加辅食的这半年时间，还要保证婴儿每日至少400 mL的奶摄入量，如果是母乳更好，母乳不足的情况下，可用配方奶粉代替。

二、儿童的饮水

案例链接

橙橙快6个月了，因为妈妈的奶水好，橙橙就没喝过除母乳以外的东西。有一天，在跟院儿里的奶奶们聊天时，橙橙奶奶说：“我最近发现橙橙特别爱喝糖梨水，只要是糖梨水就能连着喝好几大口，要是白开水就轻轻吸一吸，你说这孩子能不能？”辰辰奶奶说：“我觉得还是白开水好，你让她喝惯了有甜味的水，她就再也不喝白开水了。”橙橙奶奶说：“橙橙本来就不爱喝水，喝白开水喝不了几口就不喝了，那怎么办呐？”

对于纯母乳喂养的儿童，母乳足够补充6个月内儿童所需的全部水分了。因此6个月后才用考虑给儿童补水的问题。1~3岁的儿童每日总需水量为1250~2000 mL，其中需要通过直接饮水来补充的有600~1000 mL。学龄前儿童饮水量应在每日1000~1200 mL。

儿童最好的饮料是白开水。含糖饮料和碳酸饮料，特别是运动型功能饮料，由于其中含有的葡萄糖、碳酸、磷酸、咖啡因等物质，在影响食欲、发生龋齿的同时，还会摄入过多能量，导致肥胖等问题。

由于儿童对于“渴”的感受要等到细胞脱水时才会表现出来，所以等到儿童自行要水喝时身体已经严重缺水了。因此，成人要记得让儿童在运动后、睡醒后饮用一定量的白开水。

即使在夏天，也不能让儿童喝冰水，冰水刺激儿童的咽部和肠胃，容易引起肚子疼、腹泻等问题。如果有条件可以为儿童自制些果汁，但也只能偶尔为之，不能以喝这些为主。切记最好的饮料就是凉白开。

三、主食与辅食

案例链接

冯奶奶的儿媳小静奶水不太好，一直采用混合喂养的方式，孩子过了100天，冯奶奶就想着孩子老吃不饱不行，得给孩子加饭，于是开始试着掰碎馍馍喂孙子，有时还喂些稀饭。可是小静不同意了，她说："现在才三个多月，过早添加淀粉类的食物对孩子肠道不好。"冯奶奶虽然表面上没说什么，可还是趁妈妈不在家偷偷给孩子做各种饭食。

本案例中的冯奶奶由于不了解婴幼儿该月龄段的发展特征，不知道在什么时候添加辅食合适，以及添加辅食的先后顺序和类型，导致和儿媳有了分歧。中国营养学会2022年发布的《中国婴幼儿喂养指南2022》中明确规定满6月龄开始添加辅食(图2-2)。

图2-2　中国7~24月龄婴幼儿平衡膳食宝塔

案例中冯奶奶的儿媳小静奶水不好，则在婴儿3个月左右的低月龄段就应该采取补充配方奶粉的方式，而不是过早添加辅食。4个月之前的婴儿唾液少且缺乏唾液淀粉酶，不能很好地消化淀粉类食物。从营养均衡上面来看，虽然用各种面食填饱了肚子，但是优质蛋白、钙类的营养物质就没有了进食的空间，因此容易造成营养不良。

因此家中的祖辈要多学习儿童喂养的营养配比要求，将自己的喂养经验与现在的科学喂养指南相结合，这样才能让儿童茁壮成长。

（一）添加辅食的目的

1. 补充乳类的不足

四五个月内的婴儿由于体内有储存铁，因此只喂乳类也不会导致缺铁，但四五个月后这些储存铁就会耗尽，及时添加辅食可以补充乳类中铁的缺失。

2. 增加营养促进发育

随着婴儿长大，所需要的营养元素也在增加，单纯乳类已经不能满足他们生长发育的需求，如不适时添加辅食会导致婴儿营养不良。

3. 为断奶做准备

添加辅食是从生理上和心理上在为婴儿的断奶做准备。从生理上看，婴儿的口腔、胃肠以及消化腺需要长时间的适应，才能完成从流质食物向固体食物的转变，从消化单一的乳汁向消化米面、肉蛋、瓜果、蔬菜的转变。

从心理上看，婴儿吃母乳时对母亲有一种特别的依恋，会将对母亲的依恋与饱腹感的需求联系在一起，逐渐地添加辅食，有利于婴儿将这两者的联系冲淡，并减轻对母亲的过度依恋。

（二）添加辅食的时机

从4个月起，就需要密切关注婴幼儿的饮食，选择适当的时机添加辅食。添加前需要确定以下几件事：第一，婴幼儿的体重是否达到出生时的2倍，6.8 kg左右；第二，婴幼儿的饥饱程度，如果婴幼儿在每天喂8~10次母乳，配方奶总量已达1000 mL，还是因为饿而哭闹；第三，动作发展已经达到扶坐或靠坐的阶段；第四，身体是否健康，生病期间不宜添加新食物。

因此，根据婴幼儿的身体发育情况、喂养方式等具体内容，在4~6月龄时可以开始添加辅食。

（三）添加辅食的原则

添加辅食时要遵循以下原则：

(1)添加辅食要由少到多，由稀到稠，由细到粗。在习惯了一种辅食后再添加另一种，不要同时添加多种辅食。

(2)在添加新的辅食时，要确保婴幼儿身体健康、状态良好，不要在婴幼儿患病和不舒服时添加新的辅食品种。

(3)要美化食物的外形，例如可以将馍馍做成小刺猬、小金鱼的形状，也可以添加果蔬汁做成不同的颜色，让婴幼儿对新的食物感兴趣。

(4)鼓励婴幼儿自主进餐，不要因为干净整洁的问题而干扰或取消婴幼儿的自主进餐。

（四）实现营养均衡的途径

1. 宏量元素与微量元素

人体营养中的宏量元素是指蛋白质、脂肪、碳水化合物。除宏量元素外的统称为微量元素。人体所需的微量元素共有 30 多种，现在能够检测出的有 5 种，分别是钙、锌、铁、铜、铅。宏量和微量的区别是人体对它们的需要量的多少以及它们占人体组成成分的量的多少。

爱的叮咛

有必要测微量元素吗?

由于人体中的微量元素含量很少，因此很难通过血液直接检测出体内的含量，是通过与微量元素的标准比来测量。因此测量误差很大，只要操作时有一点误差，对比出来的数据就会相差很多。采血时用到的碘伏、酒精中含有的微量元素，采血后由于搁置等待而吸收的空气中的微量元素等都会影响检测结果，因此微量元素的检测数据并不准确。

所以只要不是医生建议做，一般不用做微量元素的检测。

微量元素虽然有很重要的作用，但由于它们在人体中的存在是微量，因此其作用也是辅助的，不是主要作用。在日常生活中经常提到的睡觉不踏实、有枕秃等表现都不是单纯的微量元素缺乏决定的。因此，不要盲目地将儿童的某种表现与缺乏某种营养元素联系在一起，继而自行补充营养元素。

2. 不同月龄儿童的营养元素补充

爱的叮咛

有必要补充营养元素吗？

由于我们平常关注的钙、铁、锌等微量元素几乎都是二价阳离子，它们在胃肠道初步吸收的途径都是一样的。如果只补充了其中一种，就会影响其他微量营养素的吸收。所以补钙的儿童过一段时间就可能会发现又缺铁或缺锌了。其实并不是儿童食物中缺乏铁和锌的摄入，而是钙的量太多了，影响了铁和锌的吸收。

所以不建议随便补充微量元素。

既然不做微量元素的检测，也不刻意补充微量元素，那应该如何保障儿童的营养均衡呢？

（1）哺乳期儿童。纯母乳喂养的儿童只需要补充维生素 D，哺乳妈妈要保证每周吃够 50 种食物。配方奶粉喂养的儿童，只要保证每日 500 mL 以上的配方奶，就不需要额外补充任何营养元素了。

（2）辅食添加期的儿童。在遵循辅食添加原则的基础上，为儿童提供尽可能丰富的食物种类，可以适当选择营养米粉等配方食物，以确保食物中营养的均衡。

（3）学龄前的儿童。首先应由多样化的食物构成平衡膳食结构，为儿童提供全面、足量、均衡的营养。每日膳食由 3 次正餐和 2 次加餐构成，注意合理搭配加餐与零食，不能因为吃加餐影响正餐。加餐的种类建议以奶制品、水果、坚果类为主。

3. 含有丰富营养素的食物

俗话说“靠药方不如靠厨房”“药疗不如食疗”。最有效且无任何副作用的丰富营养素补充还是从食物中补充。例如，芝麻酱是补钙神器，同时芝麻酱的铁含量也很丰富，与动物血、肝齐名。芝麻酱所含的脂肪，也大多是有益脂肪。虾皮的钙含量惊人，可以做紫菜蛋花汤，入陷包饺子或馄饨等多种吃法。

（五）自制辅食与成品辅食的选择

案例链接

冯奶奶家的孙子已经6个多月了，开始正式添加辅食了，冯奶奶在家变着法地给孩子做好吃的。可是儿媳妇小静总是买一堆母婴店的米粉、碎面、肉松、海苔、小饼干、虾片，说这些东西营养全面，孩子喜欢吃，比自己做得好。冯奶奶总不服气，她觉得妈妈买的都是小零食，吃多了对孩子不好。还是家里蒸的鸡蛋、发糕、摊的小煎饼这些食品对孩子好，家常饭才养人。

本案例中，婆媳的争议在于选择自制辅食还是成品辅食。其实主要还是主食与辅食的划分问题，儿童的食品添加应以主食为主、辅食为辅，切忌喧宾夺主。

儿童在不同月龄段主食、辅食的搭配不同，本案例中6个月的儿童主食还是母乳，其余都是辅食，不应占据主要位置，应该在每顿母乳喂养过后逐渐加入辅食。而对于辅食的选择，成品辅食中也有无添加剂、营养成分丰富的优质辅食，可以选择性食用。

例如配方米粉、碎面等均可以作为主要辅食，而肉松、海苔、小饼干、虾片等零食类辅食可以偶尔作为外带零食，不可经常食用，尤其不能当饭吃。家中自制的辅食，类似蒸鸡蛋、发糕、小煎饼这些现做现吃的辅食有成品辅食不可替代的绝对无添加、新鲜、营养等优势，可以长期食用，亦可随着儿童的成长，逐渐替代奶制品作为主食。

在时间充裕不外出的情况下，当然还是家中自制辅食最健康且绝对零添加。因此，祖辈坚持给孩子吃家里做的食物是有一定道理的。在外出或祖辈不在家时，妈妈实在没有时间自制时，也可以适当选择一些添加剂较少、营养成分均衡的成品辅食。

（六）在辅食添加过程中培养儿童好的进餐习惯

案例链接

冯奶奶家的孙子 2 岁了，跑得特别溜，冯奶奶都快追不上了。吃饭的时候也爱跑着玩，冯奶奶就端着碗满屋子找孩子喂饭。儿媳妇小静每次看到这场景的时候都要说几句："妈，到饭点大家就都上桌吃饭，不要刻意去叫。他爱吃就吃，不过来就饿着，饿得厉害了自然会吃。"可是冯奶奶哪舍得让孩子挨饿，觉得不管用什么方法，只要能吃到嘴里就行。甚至有些时候还采取让孩子边看电视或手机边喂饭的情况，被小静发现了还辩解说："不管用啥办法吧，总之得能吃到嘴里就行，还得吃够量，要不长不高怎么办？"

本案例讨论的是吃饱重要还是习惯重要的问题，毋庸置疑的是习惯更重要，宁愿让儿童体会一两次“饿”的感觉，也一定要养成好的就餐习惯。

《中国婴幼儿喂养指南 2022》中提倡回应式喂养，鼓励但不强迫进食。具体要求有：进餐时父母或喂养者应与婴幼儿有充分的交流，并能识别其饥饱信号，及时回应；耐心喂养、鼓励进食，但绝不强迫喂养；鼓励并协助幼儿自主进食，培养进餐兴趣；进餐时不看电视、不玩玩具，每次进餐时间不超过 20 分钟。

儿童良好进餐习惯的养成需要全家人的共同努力，祖辈们尤其要管住自己想“下手”的冲动。尤其是儿童父母不允许儿童在床上、沙发上进餐或看着手机进餐时，祖辈一定要与儿童父母意见统一，这样才能让儿童养成良好的进餐习惯。如果一个家庭“多重标准”，儿童的良好进餐习惯养成就很困难，甚至需要长大后花费很多倍的时间来矫正。

儿童饮食习惯培养的注意事项有以下几点。

1. 定时定位进餐

每日固定三餐的时间，并于饭前告知儿童要开饭了。固定儿童的进餐座位，在 1~2 岁时，可以有专门的儿童餐椅，戴围嘴，自主练习使用餐具就餐并跟家人同桌就餐；3 岁以后，可以参与饭前准备等环节，增强儿童的仪式感和食欲。每顿饭应有大致的进餐时间，既要求儿童细嚼慢咽，又要要求儿童吃饭时间不能拖得太长，要专心进食。

2. 饮食定量，控制零食

正餐优先，零食辅助，在保证三顿饭吃饱的情况下，可以在两顿饭中间加餐，但一定要控制好加餐的量，不能影响下一顿正餐。

3. 不挑食、不偏食

平衡的膳食应包括蔬菜水果类，鱼禽肉蛋类，奶类，只有对某一类食物几乎不吃才算“偏食”。

治疗挑食、偏食可采用饿肚子、改变烹饪方式、混搭爱吃与不爱吃的食物、家长带头示范等方式逐渐缓解。偏食严重的时候需要带儿童到医院检查，是否有某种营养成分的缺乏或相关疾病的发生。

4. 注意饮食卫生与就餐礼仪

注意餐前洗手、饭后漱口等卫生习惯，不捡拾掉在地上和桌面上的食物吃，使用自己的餐具等。

自从儿童上大桌子吃饭就要开始培养儿童的就餐礼仪，例如咀嚼不能发出太大的声音，夹菜不可来回翻找，不浪费粮食，保持桌面整洁等。在饭菜上桌后，要按照“长者先，幼者后”的顺序进餐，要懂得谦让分享，并对食物心存感恩。学会与家人共同在愉悦的氛围中进餐。在就餐礼仪养成中，需要全家协力，例如爸爸妈妈应该主动先给祖辈盛饭，并让儿童给爸爸妈妈拿餐具，儿童最后吃饭。不能爸爸妈妈叫祖辈先吃，祖辈却一直在厨房和餐桌间来回忙活，顾不上吃饭。

四、护理好儿童的五官

案例链接

彤彤是幸福小区出了名的小黑牙，不到5岁的年纪，几乎所有牙齿都是黑的，有的还只剩半截了，这让彤彤的姥姥有了谈资，看到小朋友就说："该开始刷牙了啊，否则就会像我们家彤彤似的，满口小黑牙。"然后对方小朋友的奶奶就会开始问彤彤的牙怎么就全黑了呀，是不是特别爱吃糖啊，什么时候开始刷牙等问题。彤彤姥姥就会开始刷牙的科普课程。

本案例中涉及的是儿童牙齿护理的问题，很多儿童在很小的时候牙齿就出现了蛀牙等问题，只是成人以"还小"为由，最终导致小问题变成了大问题。其实很多问题如果早期处理得当，可以避免后续很多的大麻烦，这不仅限于牙齿的护理，儿童整个五官的护理都不可忽视。

家长应充分了解儿童各月龄段五官的发育特点后，有针对性地进行护理，做好日常保健和应急处理。

（一）牙齿的护理

1. 乳牙与恒牙

儿童在4~6个月的时候长出第一颗牙，一直到2.5岁左右出齐20颗乳牙。如果儿童在10个月左右还没有长出第一颗牙就应该去医院进行相关的检查了。到6岁左右儿童会长出"第一恒磨牙”——六龄齿，上下左右共 4 颗，这是磨牙中第一组长出的，也是龋坏率最高的。由于其余磨牙要到 12 岁之后长出，因此六龄齿担负着重要的咀嚼功能。好多家长会以为这组牙只是乳牙，忽略了对它们的护理，结果导致龋坏过深，有的出现歪斜，需要套牙套或拔掉，就太可惜了。

2. 乳牙的护理

2~3 岁的乳牙护理主要以漱口为主，要教会儿童让水在嘴里“咕嘟咕嘟”转圈，最后再吐出来，而不是仅仅将水含在嘴里。在每日饭后及睡前都要提醒儿童漱口，并尝试固定漱口的时间，养成好习惯，便于之后将漱口升级为刷牙。儿童满 3 岁就可以开始刷牙了，可以为儿童提供专属的牙刷、牙杯、牙膏，鼓励儿童自行刷牙，可以在儿童刷过后，由家长检查进行补充刷牙，以确保将牙齿清理干净。

在晚间最好不要允许儿童吃甜食，特别是糖和巧克力，以防止睡眠后糖分在牙齿间堆积造成龋齿。因此，睡觉前一定要养成刷牙的好习惯，清除牙齿中堆积了一天的污垢，不给牙齿细菌滋生的机会。

3. 咀嚼的重要性

咀嚼是一种需要后天在训练中得到强化的能力。可是现在各种“辅食神器”的问世，将儿童的食物研磨得越来越细致，各种“肉泥”“果泥”“菜泥”数不胜数。即使到了 2 岁以后，细心的妈妈和祖辈们也会将水果去皮切块，便于外出携带及儿童食用。正是因为这些“勤快”的机器和人，让儿童的牙齿变成了“懒汉”，不用切牙去切就可以入口，不用磨牙去磨就可以吞咽。从而导致儿童的牙齿由于缺乏“咀嚼”锻炼，出现了一系列本不应该出现的问题。缺乏咀嚼容易导致牙齿畸形、龋齿，甚至会影响胃肠道的消化功能。

在儿童乳牙的保护中，祖辈要学着“懒”一些，不帮助儿童漱口、刷牙，尽量让儿童独立完成。在训练“咀嚼”能力时，更不要将水果进行过多加工，大人如何吃儿童就如何吃，给儿童的切牙留出“啃”的训练机会，给儿童的磨牙留出“磨”的训练机会。

（二）眼睛的护理

学龄前是儿童视觉发展的关键期，也是斜视、弱视等眼病治疗的最佳时期。家长要多关注儿童的视力，如发现儿童需要离得很近才能看到，或者歪头偏脸视物，或向前看时两个眼球的位置明显不匀称，则应及早发现问题及早治疗。在儿童眼睛的护理方面有以下注意事项。

1. 防止眼外伤

儿童在玩沙子等微细颗粒物时要防止飞扬起来的沙粒误入眼睛，手中握有笔、小棍等物品时切记不要激烈跑跳，防止尖锐物扎伤眼睛。在与其他小朋友玩耍时，要注意避让，不要在剧烈撞击中被他人伤害。

2. 养成良好的用眼习惯

从儿童阅读第一本书籍起就教给儿童正确的阅读方法：不要离书本太近、要在明亮的灯光下看书、长时间看书后要眺望远方以调节视疲劳等。远离电子产品,3 岁以内的儿童尽量不看手机、平板、电视等电子屏幕。3 岁以上应规定每日每次观看的时长,总时长不要超过半个小时,每次看够半小时要让眼睛休息并眺望远方。

3. 适当补充维生素 A

适量的维生素 A 可以使儿童的“暗适应”功能正常,预防干眼病和夜盲症。维生素 A 的动物性食物来源主要是各种动物肝脏,植物性食物来源包括胡萝卜、菠菜、豌豆苗、青椒、南瓜等。多吃含维生素 A 的食物,有利于眼睛的保健。

在儿童的眼睛护理中,祖辈要与儿童父母统一要求,限制儿童看电子屏幕的时间,尤其不能为了儿童好管理而让其长时间看手机、电视等电子屏幕。即使儿童父母不在家期间,也要按照约定的要求来管理儿童。

(三)鼻子的护理

1. 预防异物入鼻

由于鼻腔连接的是气管,因此一旦异物入鼻容易造成窒息,尤其要注意。首先要叮嘱儿童任何东西都不能塞进鼻孔里,一旦发现异物入鼻,应尽快到医院取出,以防自行处理将异物“捅”到更深的位置,更加危险。

2. 警惕腺样体肥大造成的张口呼吸

健康的儿童睡着时应该睡得安稳香甜且偶有轻鼾,而不是鼾声如雷,且夜夜如此。一旦发现儿童有鼻子经常不通,长时间张着嘴巴睡觉或者打鼾声较大的情况，应带孩子到耳鼻喉科检查是否“腺样体肥大”，如果是，则需要进行治疗，恢复用鼻子呼吸。

3. 正确清理“鼻屎”

告知儿童一旦鼻子不舒服，有拥堵物，不要用手去“抠”，而应用热毛巾敷鼻子，鼻腔湿润后通过“擤鼻涕”的方式将鼻屎“赶”出来。另外，一时处理不掉的干鼻屎，不能硬抠，否则可能会造成鼻屎粘连鼻腔的部分破裂出血。

（四）耳朵的护理

案例链接

阳阳家最近“斗争”得有些激烈，原本一直陪在阳阳身边的爷爷奶奶被阳阳妈妈赶回了老家，又把外地的姥爷姥姥接了过来照顾阳阳。原因是爷爷晚上用棉签给阳阳掏耳朵，结果不小心把耳朵捅出血了，妈妈第二天带阳阳去医院检查后医生说是鼓膜破损。这下可把阳阳妈妈急坏了，连带着也对爷爷意见颇大，怕爷爷以后带阳阳时再出现意外，就不让爷爷奶奶带孩子了。

本案例中阳阳因外伤导致的鼓膜破损确实让人觉得惋惜，如果阳阳的爷爷掌握一些儿童耳朵护理的常识，就不会让阳阳的耳朵受伤，也不会出现这么激烈的家庭矛盾了。阳阳的妈妈心疼和担心阳阳的心情可以理解，但过于苛责老人也不对。既然将儿童交给老人带，就要感恩老人对孩子的付出。一旦出现意外情况，最先要做的不是埋怨，而是排除隐患，避免类似事件再次发生。孙子受伤，爷爷奶奶的心里肯定也不好受，他们只是缺乏相关的专业知识，绝不是有意伤害孩子。

建议妈妈耐心地将相关知识讲给爷爷奶奶听，并且分析这次阳阳受伤的原因，向爷爷奶奶说明由于鼓膜破裂可能给阳阳造成的不良影响，相信爷爷奶奶都是心疼孩子的，一定会虚心接受妈妈的建议。这样，确保下次不会再有类似事件发生即可。

1. 防止异物入耳

这里的“异物”指的是无意间进入儿童耳朵的小昆虫或者被儿童藏在耳朵里的小东西。当有小昆虫入耳时，可用香油或白酒滴入耳中，待小虫淹死了再从容就医。同时也要当心儿童“私藏”的小豆子、小花生、小玉米等小颗粒东西。一旦发现异物已经进入耳道，应及时就医，不要自己找工具掏，以防捅入更深入的地方。在儿童沐浴后应尽快将他外耳郭的水分用毛巾蘸去。

2. 不要掏耳朵

耳朵里的耵聍，俗称“耳屎”，是起保护外耳道的作用的，耵聍本身对耳朵没有伤害。一旦发现耵聍堵塞外耳道，应及时就医，让医生用专业工具处理，而不是自行在家用掏耳勺、发卡等工具掏耳朵，这是有很大风险的。因此，本案例中阳阳妈妈应当告诉阳阳爷爷，不要给阳阳掏耳朵，如果确实感到耳朵不舒服应及时上医院检查，让医生处理。

3. 预防漾奶，学会自己擤鼻涕

对于喂奶期的婴儿，在吃饱奶后，一定要竖着抱起来拍背直到打嗝，随后侧躺，这样可以防止婴儿漾奶。如果婴儿出现漾奶，并且有乳汁进入耳咽管，就可能引起耳咽管堵塞，从而导致鼓室发炎。对于2岁以上的儿童，在感冒流鼻涕时，要鼓励并教会儿童正确擤鼻涕的方法，避免鼻涕里的脏东西进入耳咽管。正确擤鼻涕的方法是堵住一侧鼻孔擤另一侧的鼻涕。如果两侧鼻孔一起擤，就会加大鼻咽部的压力，可能会将脏东西挤进耳咽管，引起发炎。

4. 减少噪声污染

保护好儿童的耳朵最基本的要求是给儿童提供一个相对安静的、悦耳的环境。在有儿童的场合，照护者要放低讲话的音量，尤其不要在儿童的耳朵旁边吵闹、大声喧哗，这会对儿童的听力造成伤害。如果陪着儿童一起看电视、听音乐，则应当把音量调整到大人听上去略低的范围，而不是大人听着正好的范围。在选购玩具时，也要避免选择那些声音尖锐刺耳，音量过大的玩具。长期处于“噪声”中的儿童，他的听力和记忆力都会受到一定影响。

五、儿童的如厕行为

案例链接

辰辰2岁半了，白天已经不用穿纸尿裤了，自己能给大人说要上厕所，但是晚上还得依靠纸尿裤，妈妈试了几次晚上不穿都尿了一床，就继续给他穿纸尿裤了。辰辰奶奶说：“都快3岁了，能把尿了，晚上不用穿纸尿裤，把尿一次就行了。”辰辰妈妈说：“人家日本和美国都不把尿，专家也不建议训练上厕所，到了年龄自然就会了。晚上把他尿我还得定表，也睡不好，老担心他尿床。”辰辰奶奶一听，觉得也有道理，儿媳上一天班也挺累，半夜再起一次夜也确实不容易，只好作罢。

本案例中婆媳争论的焦点在于“是否要对孩子进行如厕训练”。我们现在一般都认为“把尿”是老人过时的育儿方法，应该遵循“儿童为中心”，不可过早进行“如厕训练”等，因此是否训练如厕成了争论不休的议题。

儿科专家建议在婴儿期应完成对儿童大小便如厕的训练，这有利于儿童建立排便和排尿的条件反射，有助于儿童的身心发展。因此建议在两岁半前完成儿童的如厕训练。

祖辈的养育经验中有很大一部分是多年积累的宝贵经验，虽然也略显陈旧，但也需要继承正确的经验并与现在的科学育儿方法相结合，切不可全盘否定，更不可以不尊重老人。一旦在家庭中出现分歧，应该通过查询资料、书籍、咨询专家等方式确定科学、正确的方法，并在家中形成合力，共同执行正确的方法。

北京中医药大学附属中西医结合医院儿科主任，“儿童早期综合发展项目”国家级专家张思莱提醒家长们，要清醒地认识到“延迟如厕”会导致膀胱功能的训练缺乏，纸尿裤的延迟更换容易引起泌尿系统感染，难以建立排尿排便的反射等问题。3 岁之后还穿纸尿裤的儿童容易产生自卑、孤独、焦虑、胆怯等心理。

因此，应该在 1~1.5 岁开始进行如厕训练，在 2.5 岁前完成，养成儿童独立自主排便的习惯。所谓的如厕训练，并不是让儿童一下子就独立上厕所，而是根据儿童年龄逐渐选择适宜的训练方法，让儿童逐渐具备独立排便的能力。

1.“把尿”训练

在1岁之前，照护者可以根据儿童的排便预先征兆对儿童进行大小便的训练。在看到儿童有眼圈红、眼神发呆、使劲的表现时，要及时“把”便。每次“把”的时间控制在5分钟，避免时间过长对儿童的髋关节和肛门括约肌造成伤害，也防止儿童产生反感。在把大便时要注意定时排便，固定在每天上午的某个时间段进行把便训练。为避免对儿童脊柱造成的影响，建议在儿童能够“坐稳”以后再进行把便。

2.“坐盆”训练

在1岁左右就可以开始进行“坐盆”训练了。起初的便盆可以是卡通造型的，带音乐的，只要儿童喜欢，愿意去坐就好。在训练坐盆期间，照护者要有意识地提醒儿童该尿尿了，该拉大便了，并鼓励儿童脱好裤子，坐在坐便器上排便。

在儿童1.5岁时，可以尝试用儿童坐便器圈替代卡通便盆，这样就又向着大人的正常排便迈进了一步。尽量使用带小楼梯的坐便器圈，这样不用家长辅助，儿童自己就能上去排便了。除了冬天衣物较厚时需要家长辅助，其余时间应鼓励儿童自主排便。这个年龄的儿童已经能够用语言表达“尿尿”。因此，应开始鼓励儿童主动上厕所，自主排便。

3."起夜"训练

儿童在 1.5~2 岁就能够实现白天自主如厕了,但大多数儿童在夜间还无法自行起身如厕,需要照护者夜间提醒。2.5 岁左右,随着排尿中枢和周围神经系统的逐渐成熟,儿童已经具备了"起夜如厕"的可能,但仍需要进行一定的训练才能完全实现。因此,刚开始的夜晚需要叫醒儿童自主如厕排尿,等到儿童晚上能够被"尿憋醒"了,就可以夜间自主如厕了。

// 指导建议

在对儿童的护理中,祖辈们也需要学习现在科学的儿童卫生与教育的知识,以更新自己的养育经验,摒弃老一辈不科学甚至有问题的育儿方式。在出现问题后,及时弥补与反思自己知识的不足,预防类似问题的发生。

第二节 从容应对儿童的养育问题

在儿童的养育照护过程中,祖父母们难免遇到让人头疼的问题,这也给日常照护工作的顺利开展增大了难度,例如儿童睡觉黑白颠倒、外伤、生病等问题。因此祖父母们也需要掌握常见问题的应对方法,对于日常养护照护种的问题具备一些辨识和应对能力,这些养育问题的解决会让祖父母们的带娃之路轻松不少。

一、儿童的睡眠与作息

案例链接

阳阳8个月了，最近小区里几个奶奶一起聊天时，阳阳奶奶总是一副心不在焉的模样，大家一聊才知道阳阳最近“睡反觉”，阳阳的妈妈和奶奶要一直陪到晚上12点以后。辰辰奶奶问：“阳阳白天睡觉不？”阳阳奶奶说：“白天也不睡大觉，每次睡一个半小时左右，能睡四五小觉呢。”橙橙奶奶说：“他白天睡咱们不能睡啊，还得做饭洗衣服啥的。”阳阳奶奶说：“可不是嘛，这阵子觉得比坐月子那阵儿还累呢。”辰辰奶奶说：“那可得赶快想个办法，这样下去该把你们累垮了。”

本案例中奶奶们讨论的正是儿童的睡眠问题。轻度的睡眠问题虽然不是疾病，但是长期的睡眠混乱或睡眠时间不足，无论是对大人还是孩子都会造成很大的负面影响。好多妈妈的“产后抑郁”也跟睡眠不足有很大的关系。充足、高质量的睡眠，对于巩固记忆、发挥大脑的最佳功能，恢复体力，增强免疫功能都有重要的影响。研究表明，所有6个月以上的健康的儿童基本都能一觉睡到天亮，这种睡眠能力是可以通过学习和训练习得的。

首先根据儿童的月龄，对儿童每天应睡的时长进行比对，看儿童的睡眠是否充足。同时兼顾儿童的睡眠时间和习惯，如果儿童白天睡得好，夜晚总是醒来哭闹，或者入睡时间过长，都需要根据科学的方法对儿童的睡眠习惯进行调整，直到养成白天小睡，晚上一觉睡到天亮的好习惯，成为爸爸妈妈的“天使睡眠宝宝”。

在儿童调整作息期间，需要全家合作，首先共同拟定一套统一的睡眠习惯要求，并尽全家所能地执行下去。需要“轮岗”就轮岗，想尽一切办法将儿童的作息习惯矫正过来。为了确保祖辈的休息时间，祖辈最好担任白天岗，父母主要担任夜间岗，一旦有人生病，其他岗位的人员要自动替补上来，确保“矫正作息大业”的顺利完成。虽然矫正过程是艰辛的，但是“天使睡眠宝宝”的到来将给全家带来长久的幸福。

（一）睡眠的基本知识

儿童生长发育所需的生长激素约80%是在睡眠时分泌的，分泌高峰一般在深睡眠阶段，即晚上10点到凌晨2点。因此经常12点之后才睡觉的儿童，生长激素的分泌会受到一定影响。

睡眠时长一般遵循的规律是年龄越小需要的总睡眠时间越长，随着年龄的增加，白天睡眠的时间会逐渐缩短，大致睡眠时间应是：1～3月龄，每天睡16～18个小时；4～6月龄，每天睡14～16个小时；7～12月龄，每天睡14～15小时；1～2岁，每天睡13～14个小时；2～3岁，每天睡12～13个小时。

（二）儿童睡眠的影响因素

1. 儿童的先天气质

儿童的气质类型是先天的，按照托马斯和切斯的三类型说，容易型儿童较容易入眠，且睡着后不容易惊醒，即使半夜醒了，也可以轻易地再次入睡；迟缓型儿童对环境有一定的要求，一旦更换环境则较难入睡,需要照护者表现出更多的关爱和给予更多适应的时间;困难型儿童的生理节律感差,导致生活规律较难建立起来,容易由于犯困而哭闹,也容易因为被吵醒而吵闹不止,入眠与再次入眠都很困难,容易成为“磨人精”。因此,后两种气质类型的儿童就需要照护者更多的耐心陪伴,找到儿童专属的睡眠规律,并坚持执行下去,直到养成良好的睡眠习惯。

2. 养育者的教养方式

如果说儿童的先天气质类型是内因的话,那么养育者的教养方式和睡眠的外部环境就都是外因了。养育者给儿童提供的原生态家庭环境、养育者对儿童的期待、养育者对儿童的照护方式,都对儿童的睡眠习惯有一定的影响。例如,权威型养育者教养出的儿童独立性较强,能够逐渐达到自主入睡;放纵型教养者教养出的儿童容易依赖性强,哄睡要求多,入睡困难。因此,教养者要认真观察、判断儿童的先天气质类型,并进行有针对性的教养,对儿童建立合理化的期待。既要对入睡困难型儿童付出更多耐心,又要对入睡容易的儿童给予睡眠过程的及时关注。

在家中有隔代教养的情况下,要全家形成统一的睡眠要求,无论谁负责儿童的睡眠都执行同一套标准,这样有利于儿童尽快建立健康的睡眠习惯。

3. 儿童的睡眠环境

要为儿童睡眠的卧室提供适宜的环境,主要从儿童的感知觉环境和室内环境两方面入手。

（1）感知觉环境准备。在视觉感知方面，儿童进入睡眠状态时，要将室内的灯光调暗，鼓励儿童自主入睡；在儿童入睡以后关闭室内灯光，尽量在黑暗的环境中睡眠。如果晚上需要起夜，则临时打开小夜灯即可。

在听觉感知方面，当儿童进入睡眠准备环节时，提醒全家人要尽量保持安静，将谈话声、电视声降到最低，为儿童提供相对安静的入睡环境。

在触觉感知方面，在儿童入睡前，清理儿童床上的玩具等不安全物品，防止儿童入睡后的不适。为儿童穿宽松保暖、棉质的睡袋，防止儿童蹬被着凉，并根据室温随时调整睡袋的厚薄。既要保暖又不能盖得过厚，以防儿童燥热多汗，影响睡眠质量。

（2）室内环境准备。室内的温度、湿度都要适宜，温度控制在20 ℃~25 ℃，湿度控制在60%~70%。冬天室内暖气不要过热，夏天空调不要过凉，儿童起床后应注意随时调整衣物。保持室内空气清新，每天儿童起床后注意开窗，通风换气。

爱的叮咛

儿童睡着后可以长留小夜灯吗？

不可以。开灯睡觉对儿童的危害很大。褪黑素与生长激素只有在深度睡眠和环境黑暗的情况下才会分泌。褪黑素是提高儿童免疫力的激素，生长激素是影响儿童身体发育的激素。另外，室内长明灯会使眼睛一直接受光线的刺激，让眼肌始终处于疲劳和紧绷的状态，得不到休息。因此，儿童室内尽量不要留长明灯，可以在妈妈手边放置暖光台灯或便于移动的小夜灯,随时需要随时打开。

(三)“天使睡眠宝宝”的养成

6个月大的儿童已经能够分辨出白天和夜晚,并具备了建立规律睡眠作息的条件。但是有的儿童成为一觉睡到天亮的“天使睡眠宝宝”;有的儿童则成了入睡较晚的“夜猫子”,像案例中的阳阳;有的则成了早上5点就起的“百灵鸟”。造成这些不同睡眠状况的原因有很多,但大多数儿童都能够通过一些方法调节转变为“天使睡眠宝宝”。

所有“天使睡眠宝宝”都有以下判断标准:晚上8点以后入睡,早上6点以后起床;从上床到睡着的时间在40分钟以内;夜晚睡眠质量高,不需喂食且较少惊醒,即使偶尔醒也来能够再次自主入睡;白天清醒时段精神状态良好,较少生病;有固定的作息时间,并严格遵守;能够不依赖照护者“哄睡”,独立自主入睡。

如果儿童不符合以上标准,则说明儿童的睡眠质量并不高,照护者也会因此备受折磨,以下分月龄段来说一下如何养成“天使睡眠宝宝”。

1.“百天”内“天使睡眠宝宝”的养成

这个阶段是儿童养成良好睡眠习惯的初始时期,一旦形成不良的睡眠习惯将花费很多的时间和精力去纠正。1~3月龄,每天睡眠总时间是16~18个小时,夜晚连续睡眠时间在8小时左右,夜间喂哺2~3次,白天可以小睡3~4次,每次2.5小时左右。

2. 4~6 月龄“天使睡眠宝宝”的养成

4~6 月龄，每天睡眠总时间在 14~16 个小时，夜晚连续睡眠时间在 9~10 个小时，白天小睡 2~3 次。夜间喂哺次数控制在 2 次，前半夜一次，后半夜一次。

3. 7~12 月龄“天使睡眠宝宝”的养成

7~12 月龄，每天睡眠总时间在 14~15 个小时，上、下午各睡一小觉，夜间喂哺减少到 1 次，9 个月可以开始断夜奶，就可以开始尝试夜晚睡一整觉了，大多数儿童在此阶段可以连续睡眠 6 小时以上。

4. 1~2 岁“天使睡眠宝宝”的养成

1 岁以后，每天睡眠总时间在 13~14 个小时，照护者应有意识地将上午小睡时间逐渐缩短，下午睡 2 小时以内，保证儿童的夜晚连续睡眠时间在 10 小时左右。

5. 3 岁以后“天使睡眠宝宝”的养成

3 岁以后，每天睡眠总时间在 12~13 个小时，中午睡一觉，1.5~2 小时即可，晚间入睡时间控制在 8~9 点，早上醒来时间控制在 6~8 点。

已经养成不良作息习惯的儿童需要花较多的时间和耐心去矫正，要知道这些儿童自身也很痛苦，需要我们的帮助。较晚睡与过早起的儿童可以尝试在较早的时间叫醒儿童，减少白天睡眠的次数和时长，压缩夜间喂哺的次数，建立较简单的“睡前仪式”，并鼓励儿童自主入眠。在白天儿童清醒的时候应多带儿童外出游玩或进行大肌肉运动，使儿童的精力得到充分释放，从而获得“睡得香，吃得好”的天使儿童。

对于一些尝试了很多方法都不见效的儿童，祖辈们也不要灰心，更不要“讳疾忌医”。可以考虑儿童是否身体不适，从而导致睡眠困难，如受睡眠呼吸中止症等其他疾病的困扰导致的睡眠困难，就需要求助儿科专家来解决了。

二、儿童的日常安全

案例链接

田田已经上小学了，但田田的奶奶至今提起田田2岁半时的那个事故都后悔不已。那是一个夏天的中午，田田奶奶有午睡的习惯，于是奶奶就让田田自己玩，她倚靠在床头眯一会。直到奶奶被田田的哭叫声惊醒，才看到田田把家里的暖瓶碰翻在地，那里面是她睡前刚烧好的开水。奶奶赶快给田田妈妈打电话，等妈妈赶来的时候，田田小腿上已经起了一大片泡，有的地方泛着粉红。后来田田伤好后在小腿上留下了一条不规则的鼓鼓的粉色“毛毛虫”，到现在田田夏天都不敢穿裙子。

这是一起家庭中发生的意外伤害案例，田田奶奶一直后悔不该偷那会儿懒，眯了一觉。其实两岁半的儿童已经具备了自主游戏的能力，也可以暂时离开家长的视线，但前提是周围的环境没有不安全因素。一旦发生烫伤等意外事件，儿童的照护者应当第一时间采取紧急措施对烫伤进行初步处理，再及时送医院，而不是坐等救护车前来，错失了最佳的救助时机。

儿童的照护者应当为儿童提供安全的活动环境，并对儿童进行安全教育，让儿童掌握一定的规避风险的能力。当意外发生时，照护者应当有一定的初步处理意外伤害的技能，并安抚儿童的情绪，直到专业医护人员到场进行医治。本案例中，如果田田的奶奶能够在午休前将安全隐患排除，例如将暖瓶放到田田够不到的地方，事故就不会发生。在事故发生后，如果田田奶奶能够在第一时间采取应急措施对田田的烫伤进行初步处理，那田田的烫伤程度和痛苦程度可能都会有所缓解。

照顾可以独自走路和跑跳的儿童时，要特别注意安全。尤其是老年人陪伴活泼好动的儿童，总会有些力不从心，特别是中午睡午觉期间，最容易疏忽管理出现事故。建议中午能够由父母中的一方顶替奶奶或姥姥，让老人进行正常的午休，随后再陪伴儿童。如果经济条件允许也可以考虑由祖辈和保姆一起照看儿童，这样两个人相互可以轮班休息，都不至于太过疲劳。

另外，作为儿童的长期陪伴者和照护者的祖辈们，应该掌握一些常见事故和常见疾病的处理方法，以应对突发事件。例如，本案例中，田田奶奶如果能够分辨烫伤的程度，并根据不同程度采用不同的预处理方法，田田的状况可能不会那么糟。

（一）儿童的食品安全

食品安全是指食品无毒、无害、符合营养要求，对人体健康不造成任何急性、亚急性或慢性危害。食品安全包括食品的选购、加工、存储、销售等过程中的食品卫生及食用安全。以下将从婴幼儿食品的选购和加工两方面来讲食品的安全问题。

1. 儿童食品的选购

（1）成品食物的选购。儿童的成品食物以辅食和零食类为主。首先要注意看“配料表”，配料表上会详细标明生产食品所用到的主料、辅料等成分。一般来讲，食品配料越简单，含有的辅料成分越少就越好。例如纯牛奶的成分表中只有生牛乳一种，而乳饮料则除了生牛乳外还有水、果味糖浆、食用香精、柠檬酸等各种添加剂。相比之下肯定是纯牛奶更有利于儿童健康。

（2）食物原料的选购。在采买儿童餐食的原材料时，要注意以下问题：一是注意观察食物的颜色，不要只选“颜色鲜艳、干净的”，好多商家为了吸引顾客，专门采取“打蜡”“抹药”等方法让食物“好看”。例如能买带泥的萝卜就不买漂亮干净带包装的。二是要尽量选择时令蔬菜，不要选反季节的蔬菜。例如现在芹菜、黄瓜、韭菜等一年四季都有了，但最好还是选择它们原本应该成熟的季节购买。三是不选择霉变、变质、发芽的食物。霉变、发芽的食物中可能含有有毒成分。例如，发芽的土豆，发霉的花生、大米、甘蔗，不新鲜的黄花菜，等等，都是有毒有害的。

2. 儿童食品的加工制作

儿童的食品加工要注意整个操作流程的卫生，生熟分开、低温储存食物以及选择最大限度保留营养成分的烹饪方法，例如蒸煮就好过煎炸。

（二）儿童的人身安全

1. 防异物入体

3 岁以内的儿童尽量不要提供小于鼻孔和耳朵眼的小玩具，谨防儿童将小物体塞入鼻子、耳朵。对于 2 岁半以上的儿童，家人可以进行这方面的口头教育，并加强对环境中小物品的管理，防止儿童异物入体。一旦发现有异物入体现象，要尽快到医院，请专业医生取出异物。

2. 防火、防电与防夹伤

禁止儿童玩打火机、火柴、蜡烛，在做饭期间远离炉灶，更不能跟小区小伙伴一起点火。过年过节要燃放烟花爆竹时尤其要注意儿童的安全，成人在点燃烟花的时候也要将烟花放在地上，不要做在手中点燃后抛出的错误示范。

对于 2 岁以内的儿童，家中可以安装插座保护器以防止儿童触电。2 岁以上的儿童，可以告诉他墙上的这些小孔不能往里伸手，也不能用小棍捅，是很危险的。也可以买来符合儿童爱钻小洞洞敏感期的玩具，让他将好奇心转移到这些安全无害的玩具上。在户外时，也要远离裸露的电线，尤其是较粗的电缆，如果垂到地面,则需要尽量远离电缆方圆 10 米以外。

刚会跑的儿童往往对会开合的门,可以抽拉的抽屉很感兴趣,也喜欢自己开开关关。这时就需要成人告诉儿童正确开关的方法,并说明这些都不是玩具,需要开关的时候再去开关,尤其不能用大的力气猛地开门关门,会有夹手的危险。

爱的叮咛

一旦儿童被门或者抽屉夹了手,大声呼救的时候,照护者应该怎么做呢?好多爷爷奶奶就边哄孩子边拍门边说:“都怨你,让你再夹我们宝宝!”这是一种不正确的归因方法。长此以往会让儿童认为自己受伤都是别人的原因,从而更不具备自我保护的能力。

这种时候照护者的处理方法应该是:先看看孩子的伤重不重,如果不重不需要就医,就要先表示出对儿童受伤的关心:“宝宝夹着小手了,疼吧?来,奶奶给吹吹。”然后再现场进行安全教育:“你看看,门缝这能夹着小手吧,以后还能不能把手伸进去了?”

这样儿童才能知道以后怎样防止被门缝夹伤,并且习得自我保护的正确方法。

3. 防雷与防水

告诉儿童下雨天打雷时,不能在大树下面和简易金属房子下避雨,不能拨打电话,居家时也尽量不使用家用电器。

对于 6 岁以内的儿童,特别是 3 岁以下的儿童,不是只有水池、游泳池这些大面积深水池才有危险,家中的坐便器蓄水和脸盆里的储水都有可能对儿童构成威胁。因此,在儿童使用坐便器如厕和用脸盆洗脸时，最好有成人看护，尽量避免家中有储水的桶等，以防意外发生。

4. 防窒息与防走失

尽量避免太小的儿童食用小颗粒圆润的食物，如花生米、果冻、糖豆等，防止吸入气管造成窒息。在儿童睡觉时，要尽量脸朝上睡，防止被子遮掩口鼻造成窒息。对于1岁以内的婴幼儿，要每隔15分钟观察一下其睡眠情况，防止出现窒息。

儿童的照护者在防走失方面要注意以下几点：①确保儿童在成人视线内，必要时确保两人以上出行。②及时观察周围情况。照护者尤其是老人单独带儿童外出时，避免走偏僻的巷道，更不要听从陌生人的片面之词而误入偏僻角落。当身边有陌生人或不熟悉的人对儿童的生活习惯等细节过于关心时，一定要多加警惕。与陌生人保持一定距离，防止生人突然或特别接近儿童。③注意保护儿童的隐私信息。不向外人泄露儿童及其父母的私人信息，特别是儿童的生活规律、接送时间等隐私信息。在与小区附近人群聊天时也不能放松警惕，因为有些犯罪分子往往会安排熟悉的人或提前入住小区打探消息。

儿童的照护者除了自身要加强警惕外，也要向儿童讲授相应的防走失注意事项：①在人多时要与照护者保持安全距离，人多时拉紧手。②不轻易相信陌生人的话，不接受陌生人的玩具、食品，不跟陌生人走，在没有老师或家人的情况下不跟陌生人单独接触。③告知儿童必要的求救方式。在托育中心、幼儿园、户外场地遇到刻意接近自己的陌生人时，知道第一时间告知老师和家长。当遇到危险时知道大声呼救。3岁以上的儿童要熟记爸爸妈妈的名字、电话和家庭住址，但一定不能告诉陌生人。

（三）儿童外出安全

1. 推车安全

在选择推车时，首选四轮、不易倾倒的推车。每次出门前都要检查推车的刹车部件是否有效，停靠在有坡度的路面时，切记要踩下刹车。当儿童能够独立站立时，要谨防儿童从车中跌落或推车翻到。

2. 交通工具安全

步行外出时要注意交通安全，带儿童出行要遵循“多让多等”的原则，不可抢灯、抢路，避免出现意外情况。如骑自行车或电动车外出，则需注意儿童座椅的安置，一定要确保牢固，不可以将儿童单独留在车上。如驾车外出，需要安装儿童安全座椅并按要求系好安全带，不要选择将儿童抱在怀里，一旦出现急刹车会出现安全问题。安装儿童座椅的一侧应确保车门、车窗处于上锁状态，避免儿童误触导致的意外情况。在车辆行驶过程中，避免儿童将头、手伸出车外。如需看风景，尽量通过玻璃窗看，或将车停在安全的位置后再打开车窗进行欣赏。

3. 户外安全

带领儿童在户外玩耍时，应选择相对平坦安全的场地，避免选择凹凸不平、有高台的，临近马路、停车场或水池的场地。在玩耍的过程中，照护者也要及时关注周围环境，随时排除安全隐患。在草丛中玩耍时，要防止采摘易过敏和有毒害的野草野花，触摸易过敏或有毒的昆虫，更不能将捡到的花草放入口中。

三、儿童生病不要怕

案例链接

王奶奶家最近又不太平了，11 个月的孙女橙橙已经发烧 3 天了，这中间也吃了好多次退烧药，可是退下去很快又烧上来了。王奶奶一直要求带橙橙去医院看看，可是媳妇小璐说："现在也没什么症状，去了医院又是验血又是输液的。能吃药就不打针，能打针就不输液，在家观察观察再说吧，说不定'扛一扛'就过去了。"王奶奶也是没办法了，只能守着橙橙，一烧起来就用毛巾边给她物理降温边叹气。

这个案例中上不上医院、输不输液的问题是困惑好多爷爷奶奶、姥爷姥姥的老问题了。老人家也知道不能一生病就去医院，老输液对孩子不好，可是看着孩子烧得像小火炉一样，又心急火燎的难受。现在年轻的父母们赞同不上医院的居多，因为现在各种网络学习资源爆炸，好多所谓"专家"都在强调乱吃药、乱服用抗生素的弊端，因此他们便相信了让孩子"扛一扛"会增强抵抗力的说法。那什么情况下需要上医院，什么情况下可以先观察等等看呢？作为儿童的监护人，必须知道这个度应当如何把握，否则真的延误了儿童的病情就后悔莫及了。

（一）正确看待发热

发热是机体正常的生理保护机制，也是机体抗感染的机制之一。研究表明，发热时机体各种特异和非特异免疫成分均增加，活性增强。科学家经过对动物的研究也表明感染后引起发热的动物比不发热的动物病死率低。

但是发热尤其是高热确实会对机体造成一定的伤害。发热严重时可造成器官功能不全，对组织细胞产生损害，加重组织细胞缺氧程度，增加心脏负担，增高颅内压等，5 岁以下的儿童易出现高热惊厥的危险，体温高于 42 ℃有导致神经系统损害的可能性。

一些退热处理只能改善身体的舒适度，有时并不能缩短病程，甚至可能延长疾病持续的时间。因此，医生不能以退热为主要的治疗目的，而是需要找到引起发热的原因，进行针对性治疗，从而达到从根本上退热的目的。

（二）免疫力是如何获得的

儿童出生后对疾病的抵抗力主要从两方面获得：一是从母体中获得的抵抗力，这使得儿童具备了一定的抵抗疾病的先天性免疫力；另一种是通过后天和疾病的抗争产生抗体，就是“获得性免疫”，这种抗体从儿童出生后 6 个月逐渐产生、增多，具有高度的特异性。免疫力是在机体与各种致病因子的斗争过程中形成并逐渐加强的。儿童的免疫系统由于缺乏接触抗原的经验，因此不能建立免疫记忆的应答，所以小孩子容易生病是正常的，家长们也不用过于紧张。只要人体的免疫系统能够正常运转，人就不会生病，即使有点小病也很快能好。

提高儿童免疫力的方法有以下几种:①儿童出生后坚持母乳喂养,这是儿童人生的第一次免疫。②按时添加辅食,膳食搭配均衡,引导孩子不偏食、不挑食,保证营养需求。这是人体免疫系统发育所必需的物质基础。③居室多通风换气,注意卫生习惯培养,少去公共场合,减少接触病原体的机会。④保证儿童生活规律,正确进行“三浴”的同时积极参与各种体育锻炼。

(三)输液的利弊

静脉输液是补水的有效方式。当儿童生病时,如果食物和水分摄入不足,液体、电解质、其他营养物质的摄入也会减少。水分和电解质的缺乏会容易出现脱水现象。例如儿童患肠道疾病时,腹泻带走了大量液体,尤其是水和电解质的流失,很容易导致脱水,这种情况下就需要输液来补充水分了。

好多家长有个误解,认为输液就是输抗生素,这是不对的。输液是在补充儿童体内的液体,同时保证儿童生病时的代谢需要,所输的液体要包含水分、氯化钠、葡萄糖等。因此,医生会根据儿童的具体病情来判断是否需要输液,也会根据导致儿童生病的原因判断是否输抗生素,如果是病毒感染使用抗生素是无效的。

// 指导建议

(1)一般性发热不要急于退热,让儿童多喝水、多休息,保持饮食清淡、营养全面。同时,家长要密切关注儿童的状态变化,如果出现精神状态不佳,有异于平时的表现要及时上医院。

(2)不同温度不同处理方法。体温不到38.5 ℃的可采取物理降温法,超过38.5 ℃可用口服退热药,达到39 ℃的建议及时就医。对于有过高热惊厥的儿童采取措施的温度值可以提前,以预防再次发生高热惊厥。

(3)一旦就诊,则要耐心等待药物发生作用,频繁换药会导致疾病的迁延不愈。

(4)家长要保持"外松内紧"的状态,即面对儿童时要轻松微笑,让他觉得这病没什么大不了,但是家长要时刻关注儿童的状态,并有意识地记录下来,一旦需要入院则便于跟医生进行病情沟通。

(5)对于高热和持久发热的儿童,建议及时到医院就诊。对于本案例中已经发热3天的橙橙,还是建议到医院确诊一下,如果医生认为可能是"幼儿急诊"前的发热,则可以回家密切关注儿童直到疹子发出来,如果有其他的征兆则需听从医生的治疗方案。

因此,祖辈们要学会观察儿童不同于平常的现象,认真观察分析儿童的具体情况,结合病因分析,再判断能否靠"扛"挺过去。切不可走两个极端:一个是无论病多重坚决不打针、不输液,二是一有不舒服的症状就马上打针输液。

第三节　好习惯中提高儿童的生活品质

儿童的养育照护是一项看似漫长、烦琐但实则富有乐趣的工作。在良好生活习惯的加持下，原本的漫长与烦琐就会变成水到渠成的淡定，而不是鸡飞狗跳的混乱。如果想达到"含饴弄孙"的境界，就必须掌握一系列好习惯的培养方法，因为良好的生活习惯除了可以大大减轻祖父母们的工作量外，还可以真正给老人的晚年生活带来乐趣与享受。

一、儿童的服饰

案例链接

一天橙橙和辰辰在小区一起玩，辰辰奶奶说："今天橙橙又穿新裙子了？可真漂亮啊。"橙橙奶奶说："可不是，橙橙妈妈天天网购，一买一堆，都穿不过来，好多连标签都没拆就小了。"辰辰奶奶说："我们家辰辰都是穿哥哥姐姐的旧衣服，他妈妈的朋友们天天大包小包往家拿，我们基本都没怎么买过新衣服。"橙橙奶奶也笑了，说："小孩子哪有那么多讲究，男孩女孩的衣服都不影响穿。"

本案例中两个奶奶主要聊了儿童穿着的问题：一是儿童穿着的来源，是穿旧的好还是买新的好；二是关于服饰中的性别意识问题，即儿童穿异性的衣服是否影响其性别意识培养。

儿童衣物的选用要遵循安全、整洁、舒适、合身的原则，不用过多追求时髦和款式,更不用讲究品牌。2~3岁是儿童的性别意识萌芽期,因此2岁之前儿童的服饰不用太刻意地区分性别,妹妹穿哥哥小时候的衣服,弟弟穿姐姐小时候的衣服问题都不大。但2岁以后要开始有意识地培养儿童的性别意识,尽量穿跟自己性别相符的衣服。

(一)保暖不是越厚越好

1.“捂”与“冻”

保暖不能靠“捂”,耐寒不能靠“冻”,而是靠“变”。较小的儿童对寒冷的适应性差,不能为了保暖一味地“捂”得厚,而要根据温度和环境的变化适当地增减衣物。儿童穿得越厚稍做活动后就越容易出汗,风一吹极易着凉。因此儿童的衣物可以多穿几层,根据环境温度的变化及时增减。

2. 四季的着装建议

冬天从寒冷的户外到温暖的室内时,要减掉厚外套,特别是当儿童参与大肌肉运动时,更应该穿比平常略薄的衣物,防止儿童运动后大汗淋漓着凉。夏天户外紫外线较强烈,要注意给儿童防晒,室内如果开空调则要注意防止空调直吹,必要时可以穿空调衫,离开空调房间再脱掉。春秋天昼夜温差较大,要适时增减衣物并注意防风,外出最好穿能挡风带兜帽的衣服,一旦起风及时扣上帽子挡风。

3. 判断儿童冷热的标准

宋代名医陈书文在《小儿病源方论》中指出:“背要暖,背受凉易外感风寒而咳嗽；腹要暖，腹受凉易泄泻；足要暖，寒从脚起；头宜凉，免多汗。”根据陈书文的观点，儿童衣物的增减可以以后背、手脚是否温热为标准，如果后背、手脚温热且无汗就是最佳状态，如偏凉则增加衣物，有汗则减掉衣物。因此对于儿童，背心是很实用的小衣物，最好给儿童准备多件不同厚度的背心，既可以给儿童的背部和腹部保暖，又可以方便其小手和胳膊活动，两全其美。

（二）衣服中的性别意识

儿童的性别意识萌芽期在 2~3 岁，这个阶段的儿童开始对性别有初步的认识，也开始有符合自己性别的玩具。因此 2 岁以后要有意识地规避性别意识太明显的服装，例如让男孩穿姐姐的裙子或有花边的衣服。3~4 岁开始以自我为中心认识性别，只要符合自己给自己性别的定义就能够接受。因此 3 岁以后就不建议儿童穿异性的衣服，尤其是上幼儿园要面对很多小朋友时。5~7 岁时，开始刻板地认识性别，认为违反性别角色的行为都是错误的，也会对别人的嘲笑感到难为情。因此在 2 岁以后，就要有意识地开始培养儿童认识自己的性别，并尽量不再穿异性的衣服，3 岁以后最好只穿与自己性别相符的衣服。

（三）衣服中的教育智慧

换衣服是儿童每天都要做的事儿，因此抓好这个教育契机，可以帮儿童培养出更多优秀的品质。例如，可以通过穿衣服培养儿童勤俭节约、不攀比的良好品质；训练儿童自己穿脱衣物，培养儿童自理、自立的良好习惯等。

在衣服的选择与穿脱中，祖辈要学着“懒一些”，学着“示弱”，这样儿童才能自立起来。例如，儿童让奶奶帮忙穿衣服时，奶奶可以说：“怎么办，奶奶也不会呢，儿童可以教教奶奶吗？”

二、儿童的“三浴”

案例链接

幸福小区搬来了一户新住户，这家里有一个3岁的小朋友叫思思。有一日，思思奶奶带着思思来小广场上玩，辰辰和橙橙的奶奶说：“哎？这个小朋友怎么没见过，你们平常都什么时候出来玩啊？”思思奶奶说：“我很少带她出来，我们俩经常一整天都窝在家里，我也好干点活什么的。”辰辰奶奶说：“整天在家可不行，孩子每天得晒够一定的太阳才行，不然长不高。”橙橙奶奶也说：“可不是，我们家橙橙一天到晚在外边疯跑。”思思奶奶不吭声了，她就是觉得在家的孩子好带，也省心，她自己也喜欢在家，不知道还有这么多讲究。

本案例中三个奶奶讨论的是关于儿童是否要进行户外活动以及户外活动的时长问题，也就是儿童如何进行“空气浴”和“日光浴”的问题。其实除了这两种外，还有一项适合儿童的活动叫作“水浴”，这就组成了我们通常所说的“三浴”。不同年龄的儿童进行“三浴”的方式和时长均不相同且因人而异，需要根据每个儿童的实际情况来开展适宜的活动。

教育部2022年印发的《幼儿园保育教育质量评估指南》中明

确要求幼儿每天户外活动时间不少于 2 小时，体育活动时间不少于 1 小时。这里指的是 3 岁以上的幼儿，对于 3 岁以内的幼儿可以慢慢增加儿童户外活动的时间，直到 3 岁达到 2 小时左右。这种记时长的方式适用于全日制托班或幼儿园，对于周末在家或未入园的儿童，在春秋天温度、阳光适宜的时候，有半天或一整天时间带儿童外出游玩也是很好的，前提是不要让儿童过度劳累。

“三浴”指的是空气浴、阳光浴、水浴，是大自然送给儿童们最好的礼物，儿童的照护者一定要好好地利用这三种锻炼方法，在天气等条件适宜的情况下，每天保证一定的时间进行“三浴”的训练，从而达到增强儿童体质的作用。

（一）日光浴

“日光浴”是指通过日光对身体进行锻炼。日光中的紫外线照射于皮肤可以促进身体内部合成维生素 D，帮助吸收食物中的钙和磷，促进骨骼生长，增进血液循环，从而达到促进幼儿生长发育的作用。只要是阳光灿烂的天气都可以进行日光浴。

根据不同季节，不同地理位置，带儿童出去享受日光浴的时间和时长均不同。例如在北方的春季，最好在上午 10 点以后再带儿童出来。南方的夏季，越靠近中午天气越炎热，因此应该将时间定在上午 10 点之前。冬季的日光浴应注意给儿童保暖，夏季的日光浴应注意防晒防暑，可以在大树阴凉处进行，不要直晒。满百天的儿童就可以出来晒日光浴了，每日的时长从刚开始的几分钟逐渐延长为 15~20 分钟，最后延长为半小时、一小时等。

在儿童日光浴的过程中要随时观察儿童的状态，一旦发现儿童表现出虚弱、烦躁、大汗等症状就要采取减少衣物或结束日光浴等措施，减缓儿童的症状。

（二）空气浴

“空气浴”是通过气温与体表温度的差异形成刺激，作用于婴幼儿的皮肤，气温越低作用时间越长，刺激强度就越大。新鲜空气中的含氧量高，能够促进身体的新陈代谢，使皮肤和呼吸道的功能得到锻炼，从而增强身体的抵抗力。

空气浴最好从夏天开始，逐步过渡到冬天，温度也跟随季节从起初夏天的 20 ℃～30 ℃到冬天的 0 ℃～10 ℃。如遇大风、大雨、气温骤降或极端恶劣天气，则不宜进行。

日光浴和空气浴在大多数情况下是同步进行的，都对儿童的身体有很大的好处。因此，应经常带儿童到户外去，小区附近的小花园、公园都是很好的去处，并且可以边带儿童散步边观察与采集。

（三）水浴

“水浴”是通过水的温度和流动来刺激皮肤，使血管得到收缩或扩张，增强自身的体温调节能力，促进血液循环，改善身体对于冷热变化的耐受力。

水浴包括温水浴和冷水浴，通常在家中给儿童洗澡多数是温水浴，水温在 37 ℃～38 ℃。而冷水浴并不是用凉水给儿童洗澡，而是用相对于温水浴低一些的温度，并且要将温度从温水浴逐渐降下来，而不能一下子用凉水。刚开始冷水浴时，水温可以设置在35 ℃左右，以后每三天降 1 ℃，逐渐降到 28 ℃。

祖辈们因为时间上比较充分，因此应多带领儿童外出，而不是为了安全省心一直待在家里；父母们也要尽可能为儿童的外出活动提供“接送服务”，以减轻老人的外出压力。爸爸妈妈要成为带儿童外出的主力军，毕竟外出对体力的要求较高且需要考虑的安全问题更多，因此可以将两代人的小家庭与三代人的大家庭的出行相结合。

三、家庭中的感觉统合训练

案例链接

橙橙 2 岁了，可最近小区里老见不到橙橙，阳阳奶奶见到橙橙奶奶忙问：“你家橙橙最近出去了？怎么一直没见孩子？”橙橙奶奶说：“她妈妈给她报了个什么感统训练课，每周去三次呢，我也正好能歇歇。”阳阳奶奶说：“啥感统？这么小就开始上课啊？”橙橙奶奶说：“她妈妈给她做了测试，人家说是什么失调，要是不上课影响她以后上学的专注力，可贵了呢。”阳阳奶奶说：“管不管用啊？别是坑钱的。”橙橙奶奶说：“是啊，我觉得我家橙橙啥问题也没有，我也觉得白扔钱，可人家妈妈非要让上，咱也没办法。”

本案例中的两位奶奶讨论的是非常专业的“感觉统合”问题，现在市面上涌出大量的“感统训练馆”，都宣称能让孩子动作发展更加协调，大脑发育更加健全。基本上都是通过给孩子做测评，检测出孩子有哪些方面的感统失调问题,再建议家长通过报课矫正这些问题,宣称能够解决孩子今后学习中的注意力不集中、记忆力不佳等问题。那么孩子的感统失调到底严不严重?有没有必要做训练?哪家训练馆更靠谱?这些问题对于外行的家长来说的确是个难题。

孩子存在一定程度的感觉统合失调是正常现象,几乎每个人都有某一方面的失调问题,只是需要考虑是否影响孩子正常的生活和学习。一旦发现孩子可能有这方面的问题,建议到专业的儿童医院相关儿童保健科室进行测评,不要轻信那些营利性培训机构的建议。一些轻度的感统失调在家中进行感统训练也可以得到改善。

感觉统合训练的专业性较强,且有些大肌肉运动的训练需要体力的支持,因此此项活动建议以爸爸妈妈为主带儿童做。在父母不方便,又有一定的训练强度要求时,可以由父母先教祖辈们具体的训练方法,再由祖辈带着儿童做或定期去上课。

(一)感觉统合的含义

感觉统合就是以游戏的方式,让孩子在玩乐中体验不同类型、多种层次的感觉刺激,以促进孩子的前庭觉、本体觉、视觉、触觉、听觉等感统能力的发展。

感觉统合失调是指以上某一种或综合多种感知觉出现失调。感觉统合失调的表现往往比较隐晦,且大部分感觉统合失调的孩子智力测评都在中等有的还偏上的水平,可是在学习中的表现却不尽如人意。其实，只要照护者细心观察孩子，就能够发现一些明显的问题。例如，在沿路石上行走时总是走不直，经常会从上面掉下来；明明看到前方有障碍物，可还是会撞上去；害怕别人的触碰，总是离其他孩子远远的等表现。

感觉统合之父——艾尔斯博士曾指出：感觉统合失调会严重影响孩子的成长，其危害涉及心理素质、智力开发、综合能力、学习能力、性格、人际关系等方方面面。不但影响孩子的智力开发，甚至会严重影响孩子综合能力的正常发展，对孩子造成一生的影响。

（二）需要做感统训练的儿童类型

线上可以搜索到很多《儿童感觉统合能力发展评定量表》，基本都是对前庭失调、触觉防御、本体感失调、学习能力不足这几个方面进行测评，并将测评结果划分为轻度、中度、重度。照护者可以用这样的表格给孩子做个粗略的测评，如果孩子的得分在中度至重度，则建议到专业的儿童医院儿童保健科进行专业测评，并听取医生的建议看是否需要上感统训练课。如果测量出是轻度失调则不用紧张，这是正常情况，只需要在家中为孩子进行有针对性的活动就行了。

感统训练是有时效性的，发现得越早训练得越早效果就越好。较早开始训练的孩子，甚至可以在经过一段时间的训练后，达到正常孩子的水平，完全不影响以后的生活和学习。所以照护者还是应该给予足够的重视，早发现早干预。

12 岁之前是孩子感统训练的最佳年龄。3 岁之前是孩子感觉能力发展的关键期,可以预防感统失调;3~6岁是孩子感觉统合失调的最佳补救时期;6~12岁是感觉统合能力发展矫正的有效期。过了12岁,感觉统合训练的效果就会大打折扣,因此越早进行训练效果越好。

(三)在家中做感统训练的可行性

感觉统合能力发展测评结果为“轻度”和部分“中度”的孩子是可以在家中进行一些简单的活动来达到训练目的的。前提是家长要先听取医生的建议,并进行相关感统训练内容的学习,知道孩子哪些方面需要训练,哪些游戏适合自己的孩子。《图解家庭中的感觉统合训练》和《图解感觉统合训练》是感觉统合专职培训师李俊平书写的两本书,也是相对比较浅显且实操性较强的感统训练的家庭用书。例如,适合3个月以上儿童的游戏《宝贝飞起来》,就是普通家庭中常见的举高高的游戏,也是非常有效的平衡能力训练游戏;再如,适合8个月以上儿童的游戏《喷气的气球》就是将气球吹饱气,再对着儿童的不同部位喷气,是非常有效的训练儿童触觉的游戏。

这些简单有效的感觉统合训练小游戏不仅仅是针对感统失调的儿童,对于没有问题的儿童也能很好地起到促进他们感觉统合正常发展的作用。

第三章　心育
——心理营养是儿童一生的精神财富

案例呈现

这一天秋高气爽，张奶奶带着1岁的孙子到小区里转悠，看到王姥姥正带着10个月的外孙女在暖阳下阅读图书，张奶奶带着孙子走上去，笑着说："哟，这就学习上了，10个月的孩子懂个啥，你这不是白念吗？"王姥姥抬起头一本正经地回应说："这可不白念，我儿媳妇说了，孩子的教育要趁早，要多给孩子说话，要多和孩子玩，这叫早期教育。"张奶奶撇撇嘴说："什么早期教育，都是忽悠人的，只要孩子吃好睡好，不生病，不闹人，就是好孩子，至于将来成不成才，那都是天生的。"王姥姥说："话可不能这样说，养孩子可不是吃好睡好就行，我们还要教育他，要他从小就聪明，教给他做人的道理！"接下来越来越多的带娃队伍加入对孩子教育的讨论之中。

张奶奶和王姥姥的讨论涉及孩子的基本养育问题。一般来说老人更注重养，也就是生活上的照顾，对教育容易忽视，就像张奶奶认为小孩子没有必要教育。著名生理学家巴甫洛夫有句名言："婴儿降生第三天开始教育就迟了两天。"意思就是说教育应尽早开始，越早越好，从儿童出生那一刻起，爸爸妈妈就要想到儿童的教育，但是教育不仅仅是想当然，或者根据我们个人的经验就可以的，正确有效的教育是以了解儿童的心理特点为前提的，本章主要是讲如何根据儿童的心理特点有针对性地进行恰当的教育，包括拥有健康的情绪情感、良好的性格、勇敢地走向社会等方面的内容。

第一节　培养儿童良好的情绪和意志

案例呈现

浩浩上幼儿园了，每天早上送浩浩的时候，他都是哭着闹着不愿意去。李奶奶说浩浩每次上幼儿园都难着呢，从早上起床就一直说“我不上幼儿园、我不上幼儿园”。然后都是哄着说“不去幼儿园，我们出去玩”。结果一到幼儿园就抱着家长的腿，哭着喊着不进幼儿园，李奶奶说，看他哭得那么可怜，不想去就不去吧，但是人家妈妈说：“你要不让他去，那他就该天天不想去了，那能一直不上幼儿园吗？”

上幼儿园哭闹是因为孩子遇到了人生中的第一次分离，孩子从自己熟悉的家庭走到一个陌生的环境，从熟悉的人身边走到陌生人的身边，从在家里以自我为中心到幼儿园老师要照顾那么多的小朋友，面临的是分离焦虑，所以孩子的哭闹表达的是对原来舒适生活的留恋和对未知生活的抗拒，情绪既是其发泄的方式也是表达诉求的武器。其实在孩子的成长过程中，必然会有各种各样的情绪情感伴随，童年的情绪体验不但影响当时的心情和事件，对儿童一生的性格、心理健康都有很大的影响。

一、情绪情感对儿童成长的影响

（一）婴儿通过情绪情感表达需要

婴儿出生时，还不具备独立的生存能力和交际能力，这时主要依赖情绪来传递信息，与成人进行交流，得到成人的抚养。成人也正是通过婴儿的情绪反应及时为婴儿提供适宜的生活条件。新生儿几乎完全借助于他的面部表情、动作姿态及语音语调等，引起成人的关注、照料、爱抚，与成人交往。

案例链接

孩子哭了要不要第一时间抱起来

小丽刚刚生了宝宝，婆婆来帮忙带娃。新生儿哭了，小丽就想抱起来给以安慰，但是婆婆却说："不要孩子一哭就抱起来，这样会惯坏孩子的，以后他就会老想让你抱，你就放不下了。"小丽听了，不知如何是好，那么婆婆说的是不是有道理呢？

生命早期的婴儿用哭声表达自己的需求，用愉快的表情和笑声表达自己的舒适，所以，家长应该意识到婴儿不会无缘无故地哭。如果新生婴儿哭了，家长应该及时查看婴儿的状况，是饿了、尿了，还是身体不舒服了，还是需要抱一抱了，等等。有经验的照顾者甚至可以从婴儿的哭声中分辨出不同的需求，家长应该及时回应并给予相应的照护和满足，这样会给婴儿形成很好的安全感，当婴儿获得足够的安全感以后，反而不会特别黏人或经常哭闹。

1 岁半左右，婴儿对与成人的互动有了一定的领悟，语言逐渐在交流中起到了主要的作用，婴儿也开始意识到哭可以成为向大人索求的武器，这时候家长就不应该一味地满足，应该根据具体情况，再决定怎么回应，如果是无理取闹，就应该坚决拒绝，如果是正常需求，不用哭也给以满足，在此基础上建立婴儿的规则感。

（二）愉快的情绪可以强化幼儿做事的动机

在愉快的情绪情感状态下，儿童愿意学习、活动和探索，学习东西相对较快，比如在游戏中，儿童体验到了快乐的感受，所以往往不知疲倦，再难的事情也愿意去挑战。所以，当幼儿在学习、劳动等活动状态的时候，家长要用鼓励的语言去帮助幼儿找到兴趣点，继而去维持和增强学习的动力，如幼儿会有段时间特别愿意自己的事情自己做，比如洗自己的小袜子，他可能洗得并不干净，但如果我们能够用惊喜的语言来夸奖他，他会很有成功感，会更愿意洗下去，如果我们总是批评他洗得不干净，则可能会扼杀他洗袜子的动力，以后再也不想洗了，在学习上也是这样的。

（三）情绪情感对幼儿个性形成的作用

儿童时期是个性形成的奠基时期。儿童在与不同的人、事物的接触中，逐渐形成了对不同人、事物的不同情绪情感态度。例如，成人经常关心、尊重儿童，使儿童经常体验到安全感和信任感，这有助于他们形成开朗、活泼、自信的性格；如果长期缺乏亲人的关爱、重视，则会使他们形成孤僻、胆怯、抑郁的性格。儿童早期的情感创伤，可能会对其个性的形成造成严重影响。

二、儿童情绪情感的培养

3 岁前的情绪情感体验不仅会影响孩子整个儿童期的身心发展，还会持续影响人的一生。因此，如何满足孩子情感需要以及如何让孩子学会调整自己的情绪，是家长应该重视的问题。

（一）营造良好的情绪环境

快乐的人也容易带给别人快乐，人的情绪情感具有感染性，婴幼儿情绪的发展主要依靠周围情绪气氛的熏陶。良好的生活环境，无压抑感、充满激励的氛围，可以使儿童感到安全和愉快。为此，成人应尽可能为儿童创设温馨舒适的生活环境，使儿童在生活中感受到轻松和愉快，以促进其情绪情感的健康发展。

亲子关系是家长和儿童之间的亲密关系，良好的亲子关系是儿童日后全面发展的基础和重要保障。安抚儿童的不安情绪，使儿童感受到父母满满的爱，心中充满信任感，获得心灵上的安全感。夫妻关系、婆媳关系和谐，家庭成员之间互帮互助，创造家庭温馨的情感氛围，会让儿童体验到更多的幸福感，有助于未来形成温和开朗的性格。反之，家庭中充满争吵、打闹、互相伤害，就容易使幼儿生活在恐惧、担惊受怕之中，没有安全感，甚至逐渐对家庭失去信赖、情感淡漠等。

爱的叮咛

爱孩子，并让他感受到你的爱

爱，是孩子健康成长的第一要素，也是一切教育的前提。古人常说“亲其师，信其道”，对于家长来说更是这样，如果没有爱的滋润，孩子的心灵是饥渴的，甚至会对其智力、人格有很大的影响，给孩子温暖和爱，这也是家庭、亲人的最大功能。

有的家长工作很忙，把孩子交给老人带，认为“我拼命赚钱，给孩子一份好的生活，就是爱”，但是孩子未必这样想，孩子可能认为在你眼里，钱比他更重要；有的家长认为严格要求就是“爱”，甚至认为孩子“不打不成才”，经常用呵斥的语气和孩子说话，甚至动不动就打。有调查表明，孩子在挨打的时候，并不是想着我怎么改，更多的是怕和恨，所以家长可以用温和的方式来解决问题的时候，就不要用粗暴的方式。

“爱”不等于“溺爱”，无条件的满足和放纵，可能会养成心理上的自我为中心和生活上的过度依赖，自私任性无法适应社会等特点，真正的爱不仅仅是让孩子当下感受到“爱”，更要为孩子的长远发展考虑。

祖父母的隔辈亲，很容易形成无原则的溺爱，这样并不利于孩子的健康成长，同时，要学会让位，多制造孩子与父母相处的机会，在生活中要多给孩子说父母的好，多让孩子体验到父母的爱，尽量不要居功心理，有意无意地说孩子父母的不好，尽量让孩子提到每一个家人都感到温暖，更要努力为孩子树立正面的形象，建立完好的亲子关系。

（二）家长情绪的自我控制和调节

儿童年龄小、情绪不稳定，且好模仿、受暗示性强，成人的言行举止、情绪情感都会对幼儿产生重要影响。一个性格急躁爱生气的家长，可能会养育一个非常胆小怯懦的孩子，或是像家长一样急躁易冲动的孩子，而且家长生气的时候，容易失去控制，说出伤害孩子的话，或者打骂孩子，对自己对孩子的身心健康都不利，所以家长要秉持身教大于言教的原则，在儿童面前必须注意控制和管理自己的不良情绪，遇到让自己着急的事情，提醒自己换个角度、换个办法，更不可拿孩子当出气筒。

（三）采取积极的教育态度

1. 进行正面肯定和鼓励

儿童的情绪在很大程度上受成人的暗示。比如，有位家长在外人面前总是对自己的孩子加以肯定，说："我们孩子上早教班从来不哭。"其孩子果真能控制自己的情绪。另一个家长则常常对别人说："我们孩子就是爱哭。"这种暗示则容易使孩子形成消极情绪。在生活中，许多父母常常对孩子说"你不行""太笨了""没出息"，经常被否定，孩子的情绪会变得消极，活动热情也会降低。

案例链接

我家孩子真棒

张姥姥带孙子壮壮到李奶奶家串门，看到5岁的强强在认真画画，壮壮便跑过去和强强一起画了起来，看着两个孩子一起画画，张姥姥情不自禁地感叹道：“看你家强强，多爱学习啊，看他坐得多直，画得也好！”李奶奶笑道：“我家强强就是喜欢画画，不管是画画，还是学习，他都很认真，不画完不吃饭，你叫他也叫不走。”听着奶奶的表扬，强强坐得更直了，也画得更认真了。这时，壮壮也画了一幅画，兴冲冲地跑过来给姥姥看：“姥姥，姥姥，我画了一个城堡！”“什么城堡啊，乱七八糟，难看死了，你要多向强强学习。”张姥姥接口说。“哼！我才不要画呢！”壮壮生气地把画纸揉成一团，也不去画画了。

其实两位老人的对话，孩子在旁边都听着，无形中给了孩子不同的心理暗示，李奶奶以表扬为主，孩子获得的是积极的心理暗示，就会表现得更好，张姥姥以批评的语气为主，给孩子的是消极的心理暗示，就是“我不够好”，从而失去做好的信心，而不愿去做某件事。

有的家长是谦虚的心态，表扬人家的孩子，贬低自己的孩子，有的家长是追求完美，总拿自己孩子的缺点去和别的孩子的优点比，这些心态都要不得，对孩子应该以鼓励和表扬为主，当然，切实存在的不足，应该想办法帮助孩子去努力改善发展，而不是视而不见。

2. 接纳孩子的负面情绪，耐心倾听幼儿说话

孩子也有负面情绪，如饿了、渴了、想睡了等，如要求得不到满足时的宣泄等。当儿童出现负面情绪的时候，如果是正常情绪的表达，成人要做的是理解和接纳，耐心倾听孩子说话对培养儿童良好的情绪十分重要。

案例链接

我到幼儿园再哭①

月月不到3岁，带着新鲜和好奇走进了幼儿园，初入幼儿园的她不知道哭，不知道撒娇，第三天的早上刚出门下楼，月月突然说："妈妈，今天我想哭。"妈妈怔了一下说："想哭，你就哭吧。咱就哭着上幼儿园吧。"可月月却说："我现在不哭，等我到幼儿园再哭。""为什么呀？""我要到幼儿园哭，老师就会过来抱着我说'宝贝，不哭'。"原来诀窍在这里。我们都知道在孩子刚入园的时候，哭啊闹呀，老师总是疲于应付，谁哭得多，自然就会把老师的关注给吸引了过去，而那些不哭不闹的孩子反而受到了冷落。月月的话反映了她也需要关注，等到了幼儿园妈妈要离开时，她却拉着妈妈的衣服不让离开，大哭了起来，老师和园长一起跑上来抱住了她。两天后，月月又恢复了平静。

在这个案例中，妈妈理解了月月想哭是希望得到老师的关注和抱一抱的正常需求，也是初入幼儿园时幼儿情感的正常表达，妈妈并没有急于否定，而是给予理解和支持，当月月需要老师抱一抱的心理得到满足后，便恢复了正常的情绪。当孩子的正常需求没有得到满足的时候，哭也是一种正常的表达，我们应该接受并允许，根据具体情况给以相应的回应。

（四）调节控制孩子情绪的方法

儿童不会控制自己的情绪，家长可以用各种方法帮助他们。

①岳素萍：《呵护童心》，载《家庭与家教》（现代幼教），2011年第3期，第7-8页。

1. 转移法

当孩子出现某种消极情绪时，转移注意力是非常好的化解方法。成人可首先带孩子离开情绪发生的情境，然后利用周围环境中一些有趣的事物吸引他的注意，或带他做一些感兴趣的活动，可以逗他玩玩具或者给他讲故事，一会儿孩子的情绪便会有所好转，让情绪的焦点不再停留于矛盾冲突，从而使情绪慢慢得到平复。

2. 冷却法

孩子情绪十分激动时，可以采取暂时置之不理的办法，孩子自己会慢慢地停止哭闹。所谓“没有观众看戏，演员也没劲儿了”。当孩子处于激动状态时，成人切忌也跟着激动。例如，对孩子大声喊叫“你再哭！我就打你！”或“你哭什么？不准哭，赶快闭嘴！”之类的话语。这样做只会使孩子情绪更加激动，无异于火上浇油。有时候，冷却处理比冲动处理的效果要好。

3. 消退法

在情绪强烈时，不去关注或刻意控制，而是让其自然而然地减弱直至消退。例如，有个孩子总不愿意把水果分给爸爸妈妈吃，父母要吃他手中的水果，他总要哭闹。后来父母商量好，采用消退法，对他的哭闹不予理睬。第一天吃水果时，父母把一个水果分成几块，孩子拿着水果哭了很久，看着父母不理会他，只好把手中的水果吃了。第二天哭的时间缩短了，以后哭闹时间逐渐减少，最后看着父母把他手中的水果拿去分成几块给大家吃也不哭了。

（五）教会孩子调节自己的情绪表现

家长也可以教给孩子一些调节情绪和表达情绪的方法。

1. 反思法

让孩子想一想自己的情绪表现是否合适。例如，在孩子哭闹后，让他想一想这样哭闹好不好？和小朋友为玩玩具发生争执时，想一想自己的行为对不对，还有哪些解决问题的办法。

2. 想象法

当孩子遇到困难或挫折而伤心时，让其想象自己是“大姐姐”“大哥哥”“男子汉”或某个英雄人物等，让孩子充分感受到自己是有能力控制情绪的，进而勇敢地面对困难和挫折。

3. 自我说服法

孩子到医院打针的时候，可以教他自己大声说：“我是个勇敢的孩子我不哭。”孩子起先是边说边抽泣，以后渐渐地不哭了。孩子和小朋友打架很生气时，可以要求他讲述打架发生的过程，孩子会越讲越平静。

（六）培养孩子坚强的意志

案例链接

俺再也不去那里玩了

林奶奶经常和王婶一起带孩子到小区旁边的广场上玩，那里有几块大石头，孩子们总会在那些大石头上爬上爬下，玩得不亦乐乎。可是最近却很少看到王婶带孙女玲玲来广场上玩了。

这天，林奶奶终于看到了王婶带着玲玲出来玩，林奶奶就热情地邀请一起到广场上玩，王婶说："俺可不去了，去那里光跌俺家玲玲，玲玲一到那里就害怕，俺再也不去那里玩了。"

王婶的话反映了人们在遇到困难和挫折的时候，怎么去应对，有的人不怕困难、不怕挫折、不怕失败，最终克服困难，从而增长了自己的技能；有的人遇到挫折和困难采取回避的态度，再也不去触碰这个领域，从而给自己的人生设定了种种限制。王婶的语言和态度无形中会给玲玲造成心理暗示，就是"我不能去广场玩了，我到那里就会摔倒"。这就涉及如何引导儿童面对困难、失败和痛苦。情绪和意志水平是紧密相连的。

爱的叮咛

家长要准确评估环境的危险性，如果是充满危险的环境，要让儿童远离。但如果和上述案例中的一样，是孩子们经常去玩的地方，那肯定不是那么危险。

意志对于人的活动和成就具有极其重大的意义，一个人要想成为有用之才，要想对社会有所贡献，就必须有坚强的意志。可以说，人如果想要有所成就，离不开意志行为，如果一遇到困难就退缩，是很难有所成就的。

智力影响学习活动的速度和质量，解决"能不能学"的问题。非智力因素是指人的理想、动机、兴趣、意志、情绪、自信心等，这些为学习活动提供动力，解决"想不想学"的问题。

有人调查过诺贝尔奖获得者的情况，发现他们都具有很好的非智力因素：热爱自己的事业，有锲而不舍的精神、坚强的意志、善良的心态和很强的幽默感。

有的孩子很聪明，但就是不愿意学习，自律性差，放纵自己；有的孩子很聪明，但是经不起挫折，遇点挫折就灰心丧气、一蹶不振，甚至放弃生命。所以，我们应该在童年就有意识地培养儿童的意志能力。

1. 在日常生活中培养孩子意志力

培养坚强的意志力，必须从日常生活的细小事件做起。鼓励孩子把每一件小事做好、做完美，只有这样将来才可能把大事做好、做完美。

第一，从孩子自身生活习惯的培养开始。要求孩子自己的事情自己做，如学习自己擦嘴、擦鼻涕、洗手、刷牙、洗脸、吃饭、穿脱衣服、整理床铺、收拾玩具等。这些看上去虽是很小的事，但实际上是给孩子创造了很好的锻炼机会，培养了儿童自己动手，独立完成自己事情的习惯和能力，也增强了孩子行为的坚持性。

第二，要求孩子帮助大人做一些力所能及的事情。如可以让儿童浇花、扫地、牛奶等，这样可以培养幼儿的自制力和坚持性。

第三，引导孩子做自己不愿意做的事。只有先做自己不愿意做的事情，才有资格做自己愿意做的事。如孩子吃完饭就想去看电视，但成人应要求他得先把碗洗了才能去看电视。这也是对幼儿意志力的锻炼，以提高他们的行为自控能力。

2. 在身体锻炼活动中培养孩子意志力

积极参力身体锻炼活动,不仅可以增强体质,而且还可以培养儿童坚强的意志力。比如爬山、野营、冷水浴,幼儿园的各种体育活动等都是培养孩子意志力的良好途径。通过这些活动,可以让孩子体验到劳累,锻炼孩子的耐受力和吃苦精神,培养意志的自制力和坚韧性。

3. 在游戏活动中培养孩子意志力

可以利用孩子喜欢的游戏活动,潜移默化地培养孩子的意志力。如角色游戏,孩子在扮演角色的过程中学会克制自己,使自己的行为服从游戏规则。如扮演小理发师,就必须专心致志、自始至终完成理发的程序;又如,学做解放军站岗的游戏,让孩子做站岗放哨的解放军,保护一批很新奇好玩的玩具,在游戏中,孩子需要克服来自玩具对自己强烈的吸引力而坚持站岗放哨;再如,"负重行军训练"的游戏,要求孩子以解放军为榜样,努力完成行军任务。这些游戏对提高孩子意志的自制力和坚持性是很有效果的。

案例链接

让孩子正确接受失败

5 岁的乔乔最近喜欢上了象棋,经常缠着姥爷和他下象棋。在玩象棋的过程中,姥爷一般会让乔乔有输有赢,每当乔乔赢了,乔乔就会特别高兴,扬扬得意,姥爷就会趁机说:"你真了不起,看来你真的很适合学象棋啊!"乔乔输了,乔乔就会有点沮丧,姥爷就会说:"没有关系啊,你才 5 岁,姥爷都 55 岁了,赢了你不是很正常吗，何况你还赢了我好几次呢，等你到姥爷这个年龄肯定很厉害。”

乔乔姥爷在和乔乔玩的过程中，适当地让乔乔多赢，用成功和及时的表扬与肯定增强他对象棋的兴趣和热情，同时又会用几次失败让乔乔不至于认为自己天下无敌而太骄傲，当乔乔面对失败沮丧的时候，姥爷又可以用鼓励的语言帮助乔乔重拾信心，不愧是一个智慧的姥爷。

4. 在挫折和困难中磨砺孩子的意志力

人们的生活不总是一帆风顺的，总会有困难和挫折。孩子们在生活中同样也会遇到各种困难和挫折，如行路摔跤、吃饭洒饭、和小朋友争抢玩具没抢到等。如果怕孩子走路摔跤就抱他走，那孩子永远学不会自己走路；如果怕孩子吃饭撒得到处都是就喂他吃，那孩子永远学不会自己吃饭；如果怕孩子抢不到玩具家长就帮他抢，那孩子永远学不会自己解决矛盾与冲突。快乐的童年不应当是单纯的快乐，还应该包括儿童能坦然地面对生活中的困难和挫折。有意识地为孩子提供克服困难的机会，让孩子在克服这些日常生活的困难中，锻炼意志力，提高生活自理能力。倘若大人把孩子前进道路上的障碍全部清扫了，孩子日后就会逐渐失去走坎坷道路的能力，继而一旦进入复杂的社会生活，便会常常感到紧张焦虑、无所适从。对于在加倍保护的顺境中成长起来的孩子来说，有意让他们吃点苦，让他们在不断克服困难的过程中磨炼意志，对其健康成长有重要意义。当然，砺志教育也应当把握一个合适的度，它并不意味着跟孩子对着干，更不意味着对孩子变相的虐待和刁难，不是让孩子平白无故地找罪受、遭挫折。否则会物极必反，从过度保护这一极端走向另一个更坏的极端。

案例链接

从哪里跌倒就从哪里站起来①

星期天我和爱人带着妞妞到公园玩，那里的自然环境让她很高兴。我们来到了一座比较陡的小桥上，看见一个大点的孩子从桥头直冲了下来，那种如同飞一般的感觉吸引了妞妞，那种感觉只能用一个字来形容，就是“爽”。妞妞也要试一试，可是她太小了，我们怕她刹不住车，或者栽倒了。她坚持要试一试，为了鼓励她，我们答应了。结果她玩得很爽，高兴得一直玩，没完没了。结果，一不小心，栽到了斜坡上，磕着了脸，人也哭了。我们一边把她扶起来，帮着擦眼泪，问疼不疼，一边告诉她没关系，在玩中跌倒一次很正常。

等她不哭了，我们让她接着玩，她表现出了胆怯，说：“不玩了，我要走。”我和爱人达成了默契，都没有离开，而是鼓励她继续玩，为了重新激发她的兴趣，爸爸先上去大喊大叫，又跑又跳，她还是只看，没有行动。为了做示范，我也克服自己一贯胆小的心态，走到了桥头，表现得很勇敢地说：“妞妞，我要冲下去了，给妈妈加油！”然后很爽地欢呼着冲了下去。妞妞终于又羡慕地走上了桥

①岳素萍：《抓住生活中的教育契机》，载《家庭与家教》（现代幼教），2009 年第 2 期，第 56-57 页。

头,冲了下来,只是这次多了几分小心。成功了,接着又玩了好几次,才心满意足地和我们离开了小桥。

本案例中父母做法与导入案例中王婶的做法正好相反。他们并不是非要逼着孩子在受伤之后再重复上桥,只是希望孩子能从哪里跌倒就从哪里站起来,不要从此在心里留下一个害怕的阴影。人生的道路上哪能不跌倒,跌倒了并不可怕,关键是要能够站起来。当然,这样做的目的是帮孩子消除害怕的阴影,就一定不能逼着孩子去那样做,而是要通过激发兴趣、鼓励、示范等,让孩子重新鼓起勇气去尝试。

困难和挫折在人的一生之中是不可避免的,重要的是要教会孩子如何去认识挫折和困难,学会如何去面对困难和挫折,如何调节自己的心态和情绪,让孩子坚强起来,才能站得更稳、走得更远。

// 指导建议

学习了本节的内容,让我们知道了情绪情感和意志水平对儿童心理健康和性格形成的重要性,家长要理解儿童在不同年龄的情绪特点,从家庭环境、自身情绪调控、对儿童情绪的调节几个方面,来帮助儿童在童年获得良好的情绪体验,同时也为将来的性格形成、生活态度奠定良好的基础。

我们应该知道,孩子终究有一天需要自己去面对这个复杂的世界,与其太过呵护,等他独自面对的时候茫然无措,不如在儿童期就培养他坚强的意志品质。当孩子面对困难、挫折、伤心、失望的时候,家长如何引导、如何提供心灵上的支持,就显得尤为重要。

第二节 培养儿童良好的性格[①]

案例呈现

王奶奶家有一对同卵双胞胎，两个儿童长得简直一模一样。玲玲是个乖巧的儿童，即使哭起来也是温柔的，稍稍安抚一下就能安静下来；妹妹丽丽却不同，哭起来声嘶力竭，每次安抚很久都不能安静下来。在养育的过程中，家人更多地关注妹妹，抱妹妹也更多一点。长大后两姐妹出现了很大的差异，姐姐性格温和、软弱，做事情都慢慢的，在学习上也表现一般；妹妹性格开朗外向，脾气火暴，在学习上追求卓越，一直是班里的前几名。王奶奶一家感到很困惑：为什么姐妹俩的个性会完全不一样呢？

有位哲人说过，“这个世界上找不到两片相同的树叶，也找不到两个相同的人”，如有的人“倔强”“要强”“坦率”或“固执”，有的人“文雅”“平和”“斯文”或“柔弱”，这就是我们所谓的性格。这一节就让我们一起来了解儿童性格的发展特点，这将有助于我们更好地引导儿童性格的发展。

---

①本部分的性格在心理学上相当于“个性”，个性又分为气质、性格、能力等，考虑到本书阅读对象的特点，为便于理解，我们这里采用的概念接近生活化的通俗理解，笼统称之为“性格”，如需更专业的区分，请查看《学前儿童发展心理学》等专业书籍。

一、性格概述

在生活中，我们会发现人与人有很大的不同，有的人活泼、快人快语，有的人沉着稳定、不慌不忙，有的人乐于助人，有的人独善其身，有的人擅长舞蹈，有的人擅长绘画，等等。在心理学中，一个人的性格不单指他与别人的不同之处，更是作为一个独特的个体存在的各个方面的整合，是一个人比较稳定的、具有一定倾向性的各种心理特点或品质的独特组合。性格决定着一个人的生活方式，甚至决定一个人的命运。一个意志坚强自我控制能力强的人，会克服重重困难，直达成功，而一个自我控制能力弱的人，会给自己寻找更多失败的理由，从而甘于平庸。

二、儿童性格的发展特点

儿童从出生开始，就显示出性格特点的差异。产房里，有的婴儿性格急躁，反应强烈；有的婴儿性格平和，反应比较温和，这是人的性格最初的差异表现。

2 岁左右，儿童的各种心理特点开始表现出初步的个性特点，这就是性格的萌芽。到了 3 岁左右，在与周围人的相互作用中，幼儿间出现了较明显的个性特征的差异，3 岁以后，儿童的性格逐渐开始形成，出现比较稳定的个性特征。一般认为 3~6 岁是个性开始形成的时期。

拓展阅读

“三岁看大，七岁看老”

1980 年，英国伦敦精神病研究所教授卡斯比同伦敦国王学院的精神病学家们进行了一项别具一格的试验观察。

研究者以当地 1000 名 3 岁幼童为研究对象，先是经过一番调查分析，然后将他们分为 5 种性格类型：充满自信型、良好适应型、沉默寡言型、自我约束型和坐立不安型。

2003 年，这些 3 岁孩子都长成了 26 岁的成人时，卡斯比教授再次与他们进行了面谈，并且对他们的朋友和亲戚进行了走访。

调查结果：当年对这些 3 岁幼童的性格划分竟然准确预示了他们成年后的性格。

这个研究的结果说明了儿童早期的性格养成对后期一生的影响是很大的，这说明“三岁看大、七岁看老”是有一定道理的，这正是我们要重视早期教育的原因。

但是，我们也不能用过于死板的眼光看待儿童的成长，虽然 3~6 岁儿童的性格已经初步形成，我们仍需要用发展的眼光看待儿童。实际上儿童的个性在整个未成年期都是在不断塑造的，但是每一个阶段的发展都是建立在前一个阶段的基础上，儿童期是一个人性格形成的时期，奠定了一个人性格发展的基本色彩，会对将来的个性发展起很大的影响作用，所以教育者要对学前儿童性格的发展给予足够的重视。

三、儿童良好性格的塑造

因为性格包含多个方面，所以养成儿童良好的性格也就包括很多方面。生活中的每一件事、成人与幼儿的每一次互动、成人的一言一行都会对儿童的性格形成有影响，所以家长要经常想一想“我这样做，会给孩子带来什么影响”。

（一）对儿童需要的引导

儿童在成长过程中会产生很多需要，这些需要有的是合理的，有的是不合理的，家长要根据需要的性质给以不同的回应。

1. 满足儿童的合理需要，激励其个性积极性发展

对于儿童的各种需要，家长首先要判定它是否合理。对于合理的需要，成人应积极提供，使他们的需要得到适当满足。例如，针对儿童的生理需要，按时定量地准备营养丰富的食物，指导孩子安静地就寝，养成良好的卫生习惯，使其精力充沛，健康成长。又如，针对儿童的安全需要和尊重需要，要尊重、关心孩子，不要嘲笑、戏弄孩子，更不要在众人面前呵斥、责骂，甚至体罚孩子。积极满足孩子的合理需求，不让孩子处于匮乏之中，能够使孩子的积极性得到强化，促进性格的发展。

爱的叮咛

儿童的合理需求长期处于匮乏之中，会形成心理上的饥渴。如果是爱的匮乏，就会特别渴望温暖和爱，有人给予其一点爱，就

很有可能深陷其中而不能自拔,尤其是女孩容易被爱牵着走。如果是对物质极度匮乏,物质诱惑对其就具有极大的吸引力。所以家长一方面要根据家庭条件适当满足儿童的合理正常需求,一方面还要做好心理疏导,不宜经常给孩子强调“我们家很穷,我们吃不起,我们要不起……”这样的观念。

2. 纠正儿童的不合理需要,引导其个性正确发展

在外界环境的不良影响下,儿童可能会有一些不合理的需求。例如,有的儿童不顾别人,要独占一切;有的不愿独立活动,事事需要成人照料;有的不知谦让,处处争先。这些不合理的需要,往往使他们的个性积极性偏离正确的发展方向,使他们做出一些不良行为。家长对于儿童的不合理需要,要坚决说“不”,避免自我中心、任性等不良性格的形成。

案例链接

刘奶奶5岁的孙子强强在夜里10点想起来要吃蛋糕,非要爸爸这时候出去买,爸爸看看外面下着雨的漆黑的夜晚,为难地和孩子商量:“明天再吃好不好?”“不好不好!”强强躺在地上撒泼打滚。爸爸生气地说:“要哭你就哭吧,不管你了。”奶奶看着满地打滚的孙子,心疼得不行,拿出了很多好吃的东西哄强强都不行,奶奶无奈之下拉上爷爷悄悄地出了门,冒着雨跑了好几家店终于买上了蛋糕带回了家,强强才满意地笑了。

奶奶的做法看似很爱孙子,但是这种无条件的满足,只会助长强强的任性和自我中心,长此以往形成这样的性格后,与同学交

往、适应各类社会生活都会有障碍。曾经有一位学生抱怨寝室的同学都对自己不好，要退学回家，经过了解，原来这位同学从来不去打热水，别人提回来的热水她洗头洗脚一下子就给人家倒完了，用完后她也不去给人家提水，如此之类的事情经常发生，所以同学们都不愿意理她了，并且明确说明不让她用，她没有反思自己的原因，反而认为都是同学们不好。所以，家长不应该溺爱，满足幼儿的一切需求。

（二）尊重儿童的先天性格特点，有针对性地进行教育

儿童的性格特点中有一部分是先天的，和神经系统的特点有关系，如有的孩子精力旺盛，行为外向，能忍受较强的刺激，直爽热情，容易兴奋，但情绪变化剧烈，脾气暴躁，难以自我克制；有的孩子活泼好动，言语行动敏捷，反应灵活，容易接受新事物，但注意力容易分散，兴趣多变，情绪不稳定；有的孩子反应速度慢，情绪的兴奋性低，但举止平和，行为内向，头脑清醒，做事有条不紊，踏踏实实，注意力容易集中，稳定性强、不善言谈，交际适度；有的孩子多疑多虑，内心体验深刻，行为内向，敏感、胆小、孤僻，爱独处、不爱交往，但做事认真仔细。

这些主要来自先天的神经系统活动的特点，是不容易改变的，不同类型的孩子各有优缺点，这些特点没有好坏之分，我们要尊重孩子的这些特点，并给以针对性的教育引导。

1. 在尊重的基础上适当引导

对于父母而言，首先要了解儿童的相关特征，以接纳尊重的态

度来对待，从而做到扬长避短、因材施教。一方面鼓励和支持儿童发挥自己性格中积极的一面，如热情、亲和、敏捷灵活、乐于交往，另一方面修正和调整儿童性格中消极的特点，如退缩、易怒、急躁等，使儿童的天性得以充分发展，同时也使自己不擅长的领域得到拓展。

2. 根据性格特点开展良好的匹配教育

对于容易兴奋、情绪反应激烈的儿童，宜让其充分的活动，以通过大运动量释放其充沛的精力，同时给以一定的责任，锻炼其细心和责任心，循序渐进地引导他在需要安静的场合如午休时能够保持安静不打扰他人的习惯；对于退缩、敏感、不自信的儿童，宜进行和风细雨般的语言引导，通过鼓励、支持、接纳、宽容等方式保护其自尊心并建立自信，同时引导其逐渐养成勇于尝试、自我表达和相信自己的性格。

案例链接

每个儿童都是不一样的

过年了，王奶奶家一大家子聚到了一起，两个儿子一个女儿带了四个孩子一起热热闹闹地过年。年夜饭后，一家人开始比拼孩子们的才艺，新一代的孙辈们也是吹拉弹唱，各显神通。这时候孙女瑞瑞显得有点格格不入，她只是看着大家展示，既没有高兴也没有不高兴，好像是个透明人一样坐在旁边。奶奶看到瑞瑞这样，就说："来，瑞瑞也给大家表演一个。"瑞瑞慌忙摇手说："不，我不会，我什么都不会。"爸爸妈妈也在一边说道："瑞瑞，你不是也在幼儿园学了很多才艺吗,就给大家唱个歌吧。”瑞瑞却坚持说自己不会,这个时候叔叔、姑姑都开始一起鼓励瑞瑞表演一个,弟弟妹妹也开始起哄,见此场景,瑞瑞“哇”一声哭了起来:“我不会,我就是不会。”妈妈觉得很没有面子,一面哄着瑞瑞一面打圆场说:“其实我们瑞瑞也会很多,今天人多,有点不好意思了,你们继续吧。”然后拉着瑞瑞离开了大家的视线。

走到房间,妈妈生气地质问瑞瑞:“就是让你唱个歌而已,至于这么胆小害怕吗?”瑞瑞哭得更伤心了。这时候,奶奶走了过来,摸了摸瑞瑞的头说:“我知道我家瑞瑞是好样的,今天不想唱就不唱,没关系啊。”

每个孩子的性格不一样,有的外向、活泼,好表现,有的内向、安静,不善于表现,我们不能强制要求内向的孩子像外向的孩子一样活泼热情、爱表现自己,如果强求,只会给他们形成压力、造成恐慌,越发逃避社交场合,我们要做的是尊重每一个孩子的特点,适当慢慢引导。

（三）通过后天教育塑造儿童的良好性格

儿童的性格中有很大一部分是与后天的教育环境有很大关系的,如有的人勤奋努力,有的人懒惰拖延,有的人马虎不负责;有的人谦虚谨慎,有的人狂妄自大;有的人对人热情、乐于助人,有的人对人冷淡、自私自利……儿童的性格还未定型,正是富于可塑性的时期,因而要特别重视儿童的性格教育,引导儿童形成良好的性格。

1. 注意培养儿童对生活的积极态度

在日常生活中，要注意培养儿童乐观向上、开朗热情等积极的生活态度，以及对大自然、对动植物、对生活的热爱，这些积极的态度慢慢会成为性格的一部分。

2. 引导儿童参加集体生活和游戏活动

集体是塑造性格的重要条件，对于儿童性格的发展具有积极意义。集体生活也能让儿童已经形成的某些不良性格特征如畏怯、自负、自私、不顾别人等得到遏止或纠正，使性格趋于完善。儿童上幼儿园最重要的不是学了多少知识，而是对生活习惯、性格的塑造和养成。

3. 给儿童树立良好榜样

家长要重视榜样在儿童性格塑造中的作用。儿童好模仿，现实生活中教师和父母的榜样对儿童性格的塑造起着潜移默化的作用。电视、电影、戏剧以及故事中所呈现的高尚品德和英勇行为也是幼儿性格塑造的榜样。所谓身教重于言传，家长想让孩子做到的，自己先要做到，比如守时守信用，如果家长经常迟到，也很难培养出守时的孩子。

拓展阅读

曾子杀猪

曾子名参，字子舆，是春秋末年鲁国人，十六岁拜孔子为师，他勤奋好学，颇得孔子真传。

一天，曾子的妻子要到集市去，她的儿子一边跟着她一边哭泣，要跟着一起去。曾子的妻子说：“你回去，等我回家后给你杀一头猪吃。”妻子从集市回来后，曾子就抓住一头猪要把它杀了吃，妻子制止他说：“我只不过是与小孩子开玩笑罢了。”曾子说：“小孩子是不懂事的，是要依赖父母学习的，并听从父母的教诲。现在你欺骗他，是在教他学会欺骗。母亲欺骗儿子，儿子就不会相信自己的母亲，这不是教育孩子该用的办法。”于是曾子杀了猪，煮肉给儿子吃。

父母是子女的第一任老师。父母的言行对子女将来的成长起很大的作用，所以有见识的家长在孩子面前处处以身作则，以培养他们良好的品德。曾子这样做是完全正确的，他用自己的行动教育孩子要言而有信，诚实待人，别看杀了一头猪，眼前利益受损，但从教育子女的长远利益看，大有好处。

4. 巩固良好的性格特征，克服性格方面的缺点

对于儿童所表现的良好性格特性，家长要采用合适的方式及时肯定，例如，可以用口头表扬、发小红花、插红旗等形式加以表扬，使儿童产生荣誉感，明确感到这是良好的性格和行为，从而使其得到巩固和发展。对于儿童表现出的不好的性格，要先了解这种性格形成的原因，采取正面教育、启发诱导的方法，指出缺点，提出积极的要求，激起孩子改正缺点、积极向上的愿望。当孩子进步时，要给予表扬，鼓励他们继续努力。

5. 培养儿童积极的自我意识

有的人认为自己很能干、受欢迎，获得的是自尊自信自爱；有的人认为自己什么也不行，既不聪明也不漂亮也不受欢迎，从而获

得的是自卑和自暴自弃。一个自信的人愿意去尝试和探索，从而在自己的人生路上可以收获更多的机会和成果，而自卑的人总是逃避、怕失败，这也不敢那也不敢，无形中失去了很多成功的机会，可能就庸庸碌碌过一生。

多给儿童具体而真诚的赞美，儿童的自我评价首先来源于家长和教师的评价，如果儿童能够得到充分、正面、积极的赞美，往往会使他们对自己产生一种积极的看法，他们就能带着初步的自信面对问题，敢于尝试，从而解决问题。

多给儿童公正而客观的评价，在对儿童进行评价的时候，宜在公正客观的基础上用积极的语言进行评价，如果我们不顾事实一味地表扬孩子最聪明，结果他上学后发现不是这样的，更容易受到打击。

案例链接

妈妈，只有您能欣赏我！

第一次参加家长会，幼儿园的老师说："你的儿子可能有多动症，在板凳上连3分钟都坐不了，你最好带他去医院看一看。"回家的路上，儿子问她老师都说了些什么，她鼻子一酸，差点流下泪来。因为全班30位小朋友，唯有他表现最差；唯有对他，老师表现出不屑，然而她还是告诉儿子："老师表扬你了，说儿童原来在板凳上坐不了一分钟，现在能坐三分钟了。其他的妈妈都非常羡慕妈妈，因为全班只有儿童进步了。"那天晚上，她儿子破天荒吃了两碗米饭，并且没让她喂。

后来,儿子上小学了。家长会上,老师说:“全班50名同学,这次数学考试,你儿子排第40名,我们怀疑他智力上有些障碍,您最好能带他去医院查一查。”回去的路上,她流下了泪。然而,当她回到家里,却对坐在桌前的儿子说:“老师对你充满信心。他说了,你并不是个笨孩子,只要能细心些,会超过你的同桌,这次你的同桌排在21名。”说这话时,她发现,儿子黯淡的眼神一下子充满了光,沮丧的脸也一下子舒展开来,她甚至发现,儿子温顺得让她吃惊,好像长大了许多。第二天上学时,他去得比平时都要早。

孩子上了初中,又一次家长会。她坐在儿子的座位上,等着老师点她儿子的名字,因为每次家长会,她儿子的名字总是在差生的行列中被点到。然而,这次却出乎她的意料,直到结束都没听到儿子的名字,她有些不习惯。临别,她去问老师,老师告诉她:“按你儿子现在的成绩,考重点高中有点危险。”她怀着惊喜的心情走出校门,此时她发现儿子在等她。路上她抚着儿子的肩,心里有一种说不出的甜蜜,她告诉儿子:“班主任对你非常满意,他说了,只要你努力,很有希望考上重点高中。”

高中毕业了。第一批大学录取通知书下达时,学校打电话让她儿子到学校去一趟。她有一种预感,她儿子被清华录取了,因为在报考时,她给儿子说过,她相信他能考取这所学校。

儿子从学校回来,把一封印有清华大学招生办公室的特快专递交到她的手里,突然转身跑到自己的房间里大哭起来。边哭边说:“妈妈,我知道我不是个聪明的孩子,可是,这个世界上只有您能欣赏我……”这时，她悲喜交加，再也按捺不住十几年来凝聚在心中的泪水，任它打在手中的信封上。

这位智慧的妈妈，每次都能把老师负面的评价转换成正面的评价，但又不是脱离客观现实的虚妄的夸奖，她给了孩子努力的信心，维护了孩子的自尊自信，激发了孩子前进的动力。

鼓励儿童的自主探索，体验成功的快乐，儿童的自我评价最初依从于父母和教育者的评价，但是自信的建立还需要他们能够在具体事件中自主探索，体验成功的快乐，从而建立起较高水平的自尊意识。例如，对于一个练习轮滑的孩子，家长对其进行无条件的表扬和赞美远不如和孩子一起制订轮滑学习计划，并通过练习掌握技能，体验学有所成的快乐。

在充分认识儿童各方面能力的基础上，可以尽量为儿童创设充分表现自我的机会，给予儿童获得成功的机遇，使他们在具体事件中体验成功的快乐。例如，通过角色互换游戏，让儿童扮演教师为大家上一节课，或让儿童扮演家长来做家务等。这样，儿童可以得到更多发挥自己能力的机会，激发更大的潜能，从而获得成就感。

// 指导建议

学习了本节的内容，让我们知道了性格对儿童的重要性，性格决定命运，而且儿童期是性格形成的关键时期，希望家长能够了解儿童的性格特点，从自我做起、从生活做起、从小事做起，在尊重的基础上努力培养儿童良好的性格。

第三节　助力儿童走向社会

案例呈现

李阿姨陪着刚满周岁的外孙女瑶瑶在小区的凉亭附近玩扔石子。就在这时，一只猫飞快地从瑶瑶眼前蹿过，紧追其后的冬冬跌跌撞撞追着："猫，猫！"冬冬奶奶叮嘱道："小心点儿啊，别摔着啦。"面对突如其来的喧闹，瑶瑶抓着手中的石子，赶紧躲到了姥姥身后。李阿姨将藏在身后的瑶瑶拉到自己身旁，俯身对瑶瑶说："瑶瑶，快叫姥姥好。"瑶瑶又一次向后退了几步，头都不敢抬了。李阿姨本想坐下来和老朋友聊几句，可瑶瑶一点儿都没有想和冬冬玩的意思，拽着李阿姨的手臂说道："走，走。"冬冬却在奶奶怀里挣扎着想下来，找妹妹玩。冬冬奶奶松开了手臂，并给冬冬说："和妹妹好好玩吧。"冬冬脚刚一落地，就迫不及待地冲到瑶瑶面前，想拉瑶瑶的手，瑶瑶瞬间将手抽了出来，脸愣了一下，哇的一声哭了。李阿姨赶紧哄她："哭啥啊，哥哥想跟你玩呢。"瑶瑶哭声非但没有止住，反而哭得更凶了："回家，我要回家！"李阿姨面对孩子的哭闹，只得无奈地跟邻居道了别。

儿童需要接触社会的机会，让孩子提高社会性，有机会和长辈、同龄人接触，有机会融入社会大家庭。

从婴儿睁开双眼的那一刻起，就开始了人际交往，他们的社会性行为也就表现出来了。随着年龄的增长,儿童的生活范围逐渐扩大,社会经验日益增多,他们要学习同长辈、伙伴及其他人进行交往,了解各种社会机构,并学习遵守各种社会规范。

儿童社会性发展主要包括人际关系的发展和社会行为的发展。儿童早期社会性发展是儿童未来发展的重要基础,这时候社会性发展是否良好直接关系未来个性发展的方向和水平,特别是依恋关系质量会对儿童今后的人际关系及心理健康有深远的影响。

一、人际关系

儿童的人际关系主要包括亲子关系、师幼关系和同伴关系。

(一)亲子关系

亲子关系,是指父母与其子女的情感联系,也可包含隔代亲人的情感联系。父母是孩子的第一任老师,父母对孩子的社会性发展有着非常重要的影响。

1. 亲子依恋关系的建立

依恋是儿童寻求并企图保持与另一个人亲密的身体和情感联系的一种倾向,是儿童与父母或主要照护人相互作用过程中,在情感上逐渐形成的一种联结、纽带或持久的关系。早期的依恋是婴幼儿未来所有人际关系的基础。随着国家生育政策的变化,社会经济飞速发展,许多父母因为工作原因,不得不将儿童托付给长辈照护,越来越多的爷爷、奶奶、姥姥、姥爷成为儿童心目中最重要的人，但是爷爷奶奶、姥姥姥爷们还是要把最重要的依恋关系留给孩子的父母。

案例链接

为什么孩子不亲我？

因为洛洛爸爸工作调动，对洛洛妈妈孕期照顾不周等问题，洛洛出生不到两个月，父母就选择离异，嗷嗷待哺的洛洛不得不开启了奶奶育娃模式。奶奶心疼洛洛，对他呵护有加，洛洛在奶奶、爷爷的看护下，一天天长大了。洛洛爸爸每周都会从外地赶回来，陪伴洛洛，但洛洛还是对爸爸感到生疏，夜晚更是要回到奶奶身边才肯入睡，这让洛洛爸爸着实失落。

洛洛对爸爸有隔阂，不愿和爸爸一同入睡，是儿童依恋发展的正常表现。依恋在儿童早期情绪与情感发展中具有重要意义，出生不到60天的洛洛，本应该依偎在母亲怀抱，感受母亲的温暖，但由于父母双方的矛盾，撕裂了孩子本应在3岁前形成的依恋关系。洛洛奶奶成了洛洛的实际照护人，形成的祖孙之间的情感联结，从心理上弥补了洛洛内心缺失的母爱。但在这一时期内，父母和孩子之间的亲子关系对儿童一生的心理发展和人格健全都具有相当大的影响作用。

婴儿3个月大开始，逐渐就会把熟悉和不熟悉的人区分开来。这期间婴儿对母亲和他所熟悉的人的反应与对陌生人的反应有了区别，在熟悉的人面前表现出更多的微笑，对陌生人的反应明显减少，这正是依恋关系的建立期（3~7个月）。7~12个月是婴儿形成稳定依恋关系的关键期，建议母亲在这个阶段尽量不要长时间离开孩子，大部分妈妈这个时候需要上班，建议可以把老人接到一起生活，晚上下班后还可以与孩子在一起共度亲子时光。

依恋在儿童早期情绪与情感发展中具有重要意义，它形成的母婴之间的情感联结，是积极性情绪情感得以成长的最初的前提，为儿童最初的探索行为提供了安全基地。

2. 依恋的类型

美国心理学家安斯沃思把儿童依恋划分为以下几种类型：

（1）安全型。这类型的儿童把养育者作为探索环境的安全基地。养育者在场的情形下，安全依恋型儿童感到足够安全，他们会探索房间环境和放在房间的玩具。这些孩子的养育者通常性情温和、开朗而有耐心，对孩子发出的信号给予积极回应，多微笑、爱抚和亲密接触。

（2）回避型。这类型的儿童对母亲在不在身边表现出不关心。实际上，这些儿童并未形成对人的依恋，所以也被称为“无依恋的儿童”。这些母亲通常对孩子的信号不够敏感，他们不是充满感情地对待孩子，很少有亲密的笑容爱抚和身体接触。

（3）矛盾型。这类型的儿童往往表现出矛盾的情绪，他们通常依恋养育者，时刻担心养育者离开，对陌生环境和玩具并无探索行为。当养育者离开时，他们通常大声哭闹，表现出极度的反抗。而如果养育者返回安抚时，儿童则把她推开，无法与母亲建立积极的联系。

(4)混乱型。这类儿童可能在陌生情境中表现出迷茫、疑惑和恐惧。这种类型可能是最不安全的。他们似乎对于是接近还是回避照料者犹豫不决,这往往和养育者情绪的喜怒无常有关系,对儿童的要求没有统一的规则,表扬或者批评,全凭自己的情绪,或者经常对儿童施与情绪或行为暴力,这类儿童更容易发展成为神经质或者精神障碍患者。

案例链接

悄悄溜走去上班

小李最近总是抱怨,上个班跟做贼一样,8 个多月的孩子像装了雷达,早晨自己偷偷起床,一离开床,孩子就醒,摸不到妈妈就哭,哄好挨着妈妈就睡,感觉睡熟了,自己再悄悄离开,还没换好衣服,新一轮哄娃模式就又开启了。同事玲玲说:“姐姐,孩子醒来了,就哄他玩玩具,趁他玩得开心时,你偷偷溜走的概率就大了。”小李委屈地说:“醒着的时候,看到我就黏在我身上,谁也不让动,我骗他说妈妈上个厕所,孩子都跑到卫生间门外候着。爷爷奶奶都抱怨:‘你不在家,他和我们玩得好好的,你一在家就只找你一个人了。’”小李很无奈,因为孩子黏人,自己上班总迟到,回到家也得不到休息,所以每天早晨出门还得婆婆通力配合,上演各种“生离死别”的场景戏。

小李的儿子现在 8 月龄,正处于依恋关系明确期(7 ~ 24 月龄),此阶段的幼儿已经有了初步的自主意识,会进行有目的的人际交往,会主动寻求与日常照护者的接触,会有持久陪伴的需求。

这就是孩子只黏她,而不黏其他人的原因。小李和儿子在一起的时候,儿子会因为妈妈的陪伴,让他拥有安全感,内心踏实放松。同事玲玲给出的溜走建议不可取,依恋需求没有得到满足,会加重孩子内心的焦虑与恐慌感。正确的做法是实事求是地告诉孩子,很爱他,但妈妈必须出门工作,下班后,妈妈会第一时间回到家里陪伴他。然后好好抱抱孩子,让孩子充分感受到妈妈对他的关爱。下班回到家,要第一时间和孩子打招呼,让他感受到你对他的关爱。虽然孩子内心不愿接受妈妈上班的事实,但心里会踏实很多。作为隔代照护的家长,在孩子看到妈妈出门而痛哭流涕的情况发生时,要主动安抚孩子情绪,转移孩子的注意力,缓解孩子的不适。

儿童2岁开始,就能够意识到他人的情感、需要、目标和计划,并开始有了自己的判断行为。在这个阶段,儿童开始意识到母亲的离开是暂时的,并不是抛弃他;他会意识到母亲是爱他的,只是由于工作或其他原因短暂离开。

3. 建立良好依恋关系的策略

(1)注意母性敏感期的接触。对于照护者而言,理想的条件是搂抱接触喂养孩子的次数越多,儿童与喂养照护者更为密切,面对面注视的次数越多,后期依恋关系越好。

(2)尽量避免父母亲与孩子长期分离。婴幼儿时期,父母和孩子长时间的分离会造成孩子的“分离焦虑”,特别是6~8个月后的分离会对婴幼儿产生严重的影响,导致其安全感的缺失,不利于良好亲子依恋关系的建立,因为这个时期,正好是孩子与他人建立情感联系的关键时期。因此,即使父母白天再忙,晚上也要抽空尽量高质量地陪伴孩子。

(3)有一个稳定的照护者。稳定的照护者是安全型依恋形成的必要条件。儿童的依恋对象通常是母亲,母亲在儿童依恋的形成过程中扮演着重要的角色。如果母亲因为工作,不得不将儿童托付给别人照护,那照护者最好为孩子的长辈,并能进行长期照护。如果照护者不稳定,儿童将无法形成安全型依恋,如母亲外出工作,儿童由多人抚养,就无法形成对母亲或某位特定看护者的依恋。

(4)建立良好的亲子互动关系。人与人之间的关系在互动中建立,这就要求家长对儿童发出的信号做出准确的解读、及时恰当的反应和有效的应答。

(5)积极发挥父亲在亲子依恋关系中的作用。在半岁后很多儿童和父亲形成了安全型依恋,特别是当父亲有积极的抚养态度,外向、敏感、对人友善时。研究表明,与父亲有安全依恋的儿童在童年期和青春期也都表现出更好的自我调节情绪的能力和更强的与同伴交往的社会能力,以及较少的问题行为和犯罪行为。

(二)同伴关系

年龄相同或相近的儿童,在某种共同活动中会体现出相互协作的关系,这种同伴间形成的“水平关系”就构成了儿童的同伴关系。

1. 同伴关系的意义

儿童与同伴之间的交往比与成人交往更平等,这种平等使儿童有可能从事各种新的探索和尝试，为儿童的社会性发展奠定基础。随着儿童心理发展的需要，儿童会与更多的同龄儿童产生交往，形成一种重要的人际关系——同伴关系。

同伴交往可以促进儿童情绪情感的发展。从小玩伴较多的小朋友产生的安全感和归属感更多，从而拥有愉快心情。儿童在游戏的过程中，还能不自觉地宣泄掉不良情绪，在遇到困难、摔跤或其他事情亟待解决时，会争取同伴的关切、抚慰和帮助，从而平衡自我的心理状态。

同伴交往能帮助儿童摆脱自我中心思维。孩子天生以自己的需求和喜好为中心，主要表现为“我喜欢”“我要”“我想”等，作为成人会理解儿童的这种自我中心，甚至会惯着孩子满足他们的要求，但是与同伴在一起的时候，同伴可不会过于满足儿童的自我中心需求，比如“我也想要”“我也喜欢”等，如果两个孩子不能互相妥协，游戏将无法继续下去，所以在这个过程中，儿童之间就会试着去理解对方的意愿，互相妥协商量，拿出自己的玩具或者食物，学会分享。同时，如果成人善于在儿童与同伴交往中引导儿童学会分享、商量、合作等能够适当摆脱自我中心思维的行为方式，更有助于儿童与同伴交往的发展。

案例链接

好玩的荧光棒

妞妞2岁2个月了，由于住六楼不经常下楼玩耍，不善与人交往，奶奶鼓励她和别的小朋友玩，但总是有点怵。

星期天晚上，妈妈带她到河边玩，妞妞特别高兴，在河边的斜坡上跑上跑下，自得其乐。这时候她发现很多小朋友手里拿了一种明晃晃的彩色棒，有红的、绿的、蓝的、紫的等，色彩斑斓，很好玩。她就一直跟着一个小男孩，人家走到哪里，她就跟到哪里。妞妞一直跟着小男孩看人家玩，有时也会上前去交流几句，表现得很友好。

这时男孩的奶奶说："你让小妹妹玩玩吧？"然后拿过荧光棒给妞妞玩，妞妞欣喜地接过了荧光棒，妈妈提醒她说"谢谢"。她在表示了谢意之后，高兴地和小男孩一起玩了起来。一会儿，小男孩来要他的荧光棒，妞妞很愉快地给了人家，她知道这是人家的，不是自己的，但还有点恋恋不舍，还是一直跟着那个男孩，人家蹦，她也蹦，人家笑，她也笑，很快便和小男孩玩到了一起。这时妞妞想起了自己的气球，便从妈妈手里拿过气球，主动给小男孩玩，小男孩也主动把手里的荧光棒给妞妞玩。如果说第一次是在小男孩的奶奶帮助之下的交往，而这一次是两个人自发地学会了交换。

后来小男孩换回了他的荧光棒，和奶奶走远了，走的时候两个人还说了再见，感觉意犹未尽。妈妈也领着妞妞给她买了四根荧光棒，满足了孩子的心愿。

通过玩荧光棒这件事，妞妞懂得了在交往中什么是自己的，什么是别人的，明确了物品的归属权，还学会了交换，重要的是让妞妞学会了交往，获得了交往体验。同伴交往对儿童的社会交往技能要求更高，更能锻炼儿童的社会适应性。

2. 同伴交往能力的培养

同伴交往能力的发展对于个体一生的成长与发展有着重要的意义，同伴交往可以促进儿童社交技能及策略的获得，增强社会适应性。

(1)鼓励儿童尽可能多地与同伴交往。给儿童留出时间和空间，让儿童与同龄人充分交往，无论在家里还是在亲子中心、托育机构，都可以鼓励儿童多与同伴交往，让儿童多参与需团体合作才能完成的活动，让儿童在彼此思想的碰撞中逐渐学会尊重别人的意见，并且体会到合作带给大家成功的快乐。没有一种方法比在同伴交往中更能锻炼儿童交往能力的了。

(2)具体指导儿童的交往方式。相信大家都看过这样的场景：两个1岁半左右的孩子见面了，其中一个孩子伸手猛地抓向另一个孩子的脸。这时，双方家长急忙拉开孩子。一家长心里想，他家孩子怎么动不动就打人呢？其实，这不叫“打人”，这是儿童间的“交往”。只不过儿童不知道如何采取适当的方式与同伴交往而已。如果双方家长都把儿童的这种行为定性为“打人”的话，那么，孩子就可能在这种充满暗示性的环境中学会了打人。适当的交往方式是指孩子在与人交往时，既能满足自己的需要，又不影响他人，并且这种方式要为他人接受。比如，如何与同伴打招呼，是点点头还是抱一抱，或者牵牵手；如何与同伴分享一个玩具，是交换玩还是轮流玩。

(3)鼓励正确行为，强化儿童良好的交往技能及合作性行为。当儿童表现出良好的交往技能和合作性行为时，应适时适当地给予强化。家长可运用抚摸、拥抱、奖励等形式，对儿童进行关注和表扬。当儿童出现错误的交往方式时，必须指出并可适当给予合理的惩罚，让儿童记住这样的行为是不受欢迎的。

案例链接

我们一起玩儿吧

在今天的游戏时间，乐乐和天天同时发现了游戏区新添置的一个变形金刚玩具。他们两个人都是变形金刚迷，所以他们就为谁能先玩而抢了起来，互不相让。两个人势均力敌，谁也不放手，经过一段时间的争抢，僵持不下。这个时候，乐乐眼见靠动手解决不了问题，就抬头看着天天央求道："天天，求求你，这次给我玩吧，下次再给你好不好？"但是天天显然也非常喜欢这个玩具，一点没有妥协的意思，噘着嘴，摇着头说："不行，我现在就要玩。"

乐乐见这招不灵，又说道："我们石头剪子布，谁赢了就给谁玩怎么样？"天天想了一下说："那好吧，但是就来一次，不许耍赖！"乐乐说："谁耍赖谁是小狗。"天天和乐乐这才把玩具放在了两个人的中间，然后开始认真地比画"石头剪子布"，第一次两个人都伸出"石头"，打平了。两人要开始新一轮的比赛，结果乐乐输了。

天天兴高采烈地正准备拿着玩具离去，这时乐乐却叫住了天天，说道："天天，我当你的好朋友好不好？我能不能和你一起玩？"天天想了一下，点点头说："那好吧，你以后就是我的好朋友了，我们一起玩儿吧。"乐乐脸上终于有了笑容，经过自己的不懈努力，他的愿望最终实现了。

乐乐和天天在看到喜欢的玩具时，出现了你争我抢的行为，这正是儿童社会性的一种体现。同伴交往可以促进儿童自我评价和自我调控系统的发展。使儿童更好地认识自己，这是儿童最初的社会性比较。它为儿童形成积极的自我概念打下了最初的基础。儿童在交往中做出的不同行为，会得到同伴的不同反应，婴幼儿不仅可以从中了解自己行为的结果和性质，还可以理解自己是否为他人所接受，从而调整自己的行为。因此，同伴交往特别是同伴的反馈，对儿童自我调控系统的发展具有积极意义。

二、儿童的社会行为

在儿童社会行为中，包含品德行为和性别角色行为，其中品德行为又包括亲社会行为和攻击性行为。

（一）亲社会行为

1. 亲社会行为的概念

所有有利于维护社会秩序和谐、稳定、积极的行为，都属于亲社会行为。如儿童之间的分享、合作、谦让和援助等都是亲社会行为的一种。亲社会行为是儿童良好个性品德形成的基础，是帮助他们培养集体意识、建立良好人际关系、形成助人为乐等良好道德品质的重要条件。

爱的叮咛

亲社会行为也是道德发展的核心问题，对婴幼儿的道德发展具有重要影响。亲社会行为是个体社会化的重要指标，又是社会化的结果。

2. 培养儿童的亲社会行为

亲社会行为是关系社会稳定和个人发展的行为，通过教育和训练来培养儿童的亲社会行为是早期教育的职责。

（1）榜样示范法。在日常生活中，成人要以身作则，为儿童树立良好的榜样。比如乘坐公交车时，成人主动给老弱病残让座，久而久之，儿童也会受到影响，学会如何帮助别人。这样不仅创造了亲社会行为的表现情境，而且还会让儿童把这种亲社会行为迁移到相似的情境中去。在一次次这样的榜样教育下，儿童就会把分享、合作等亲社会行为内化为自己的行事准则。

（2）移情训练法。通俗地说，移情就是换位思考，针对儿童进行的移情训练是指提高他们善于体察他人的情绪、理解他人的情感，从而与他人产生共鸣的一种训练方法。早期的家庭教育对儿童移情能力的形成是至关重要的，家长在家庭教育中要不断运用积极暗示，引导孩子去理解家长的心理感受。比如，孩子做错事情时，父母要让孩子理解父母此刻难过的心情，这样就会让孩子形成稳定的移情能力。

同伴交往中的冲突对儿童移情能力的发展也具有积极的作用，在他们解决冲突的过程中，儿童不仅要考虑自己的观点，也要考虑同伴的观点，这样可以使他们去自我中心化，提高移情能力，增加亲社会行为发生的频率。可以让儿童听故事，引导他们理解故事、续编故事，让他们进行角色扮演来重现故事，等等。

（二）攻击性行为

攻击性行为是一种以伤害他人或他物为目的的行为，包括直接的身体伤害、语言伤害和间接的心理上的伤害，但儿童在一起玩耍时，无意的推拉动作则不是攻击行为。

案例链接

为什么孩子爱抢东西?

1岁多的明明和小朋友玩的时候，总是上手很快，不是抓了小朋友的脸，就是抢了小朋友的食物或者玩具，甚至有时候比他大的孩子手里的食物也会被他抢走。一次，云云哭着来找明明妈妈告状，原来是明明抢了她手里的面包，并且扔在地上踩在脚下。明明妈妈感觉很没有面子也很生气，一把抓过明明就打起了屁股。

可是过了一会儿，当看到一个男孩手里拿着好吃的食物的时候，明明妈妈就说："给我们吃点吧，我们一会儿也去买。"说着就伸手主动从男孩手里把食物拿过来，分一部分给明明。妈妈也经常会因为明明和小朋友的冲突而当众与对方的家长发生冲突。

明明妈妈是明明的第一任老师，明明从出生开始，最初的学习模式就是模仿。在家里，父母及主要照护者的言谈举止会成为儿童被动学习内容的主要来源。明明妈妈习惯用惩罚或暴力来解决问题，所以明明就认为我和其他小朋友玩耍的过程中就应该这样解决问题。因此,以惩罚来抑制攻击行为往往并不奏效,反而会强化儿童的攻击行为,增加其发生概率,因为父母的惩罚本身就给孩子树立了攻击性行为的榜样。

儿童攻击性行为主要源于模仿、强化和受挫后的应急反应,因此,在应对儿童攻击性行为的时候,我们可以遵循以下策略:

(1)尽量满足儿童合理的心理需要,减少受挫心理。

(2)努力提供正确宣泄内心压力的多种形式和途径。

(3)减少对攻击性行为的模仿与强化。

爱的叮咛

当儿童出现攻击性行为时,家长应及时干预引导。首先,要避免让有攻击性行为的孩子从中获利,当儿童的攻击性行为不能从活动本身获得利益时,攻击性行为会相应减少。其次,对被攻击后一味忍让的儿童,要让他们学会用对抗、寻求帮助或离开等方式来保护自身权益。这对双方的身心都是有益的,同时也会使主动攻击者的攻击性行为相应减少。

总之,儿童攻击性行为的原因和形式是多种多样的。家长在纠正幼儿攻击性行为时,要了解其产生的原因,在保持平常心的状态下进行有针对性的教育和引导,避免以简单粗暴的方式进行限制和禁止,这样才能取得预期的效果。

(三)正确培养儿童的性别意识和行为

从婴儿出生的那一刻起,在出生证明上就会根据孩子生理特点写上“男”或“女”的性别范畴,于是孩子在眼睛都看不清东西的时候,已经被人贴上了属于自己的第一个标签。

社会期待某个性别应该表现出符合其性别的行为。比如,男孩子坚强、勇敢、不拘小节,粗放豪爽;女孩子细腻温柔,和风细雨。如果儿童的行为与社会期望是一致的,那么就更容易融入社会,反之,则会被别人指指点点,影响正常生活。

1. 无差别接受儿童的性别

作为父母或长辈,应该无差别接纳孩子的性别,不管是男孩还是女孩,都应该爱他尊重他的性别。男孩有男孩的优点,女孩有女孩的优点,不应该厚此薄彼,只有父母无差别地接受,才能让孩子顺理成章地接受并喜爱自己的性别。有的家庭重男轻女,非常期待生个男孩,孩子出生后一看是个女孩,就非常失望,甚至在生活中、言行中不断强化"你就是一个丫头片子",这样会给孩子造成严重的性别自卑,同时会在心里期望自己是个男孩,从而有意识或者无意识地模仿男性行为,对男孩来说亦然,这都会给孩子将来的性别认同造成障碍,甚至影响到青春期或者一生。

2. 按照正确的性别行为养育

正确按照儿童的性别进行养育,是个男孩就当男孩养,是个女孩就当女孩养,按照社会正常的期望去养育和塑造儿童的性别行为,有助于儿童日后的性别行为自然融合到社会期望的正常行为中,而不能按照自己的喜好对儿童的性别行为进行错位养育,如一个妈妈生育了一个男孩,但是她很喜欢女孩,于是就把男孩当女孩养,梳小辫子、穿小裙子、抹口红等,这样会让孩子认为自己天生就是一个女孩，当他知道自己是一个男孩后会感到羞耻，为其性别认同造成障碍，女孩亦然。

3. 营造正常的性别成长环境

儿童性别行为的成长需要榜样的示范和行为的模仿，同性父母的榜样作用很重要，如男孩需要向父亲学习，如果一个单亲家庭，缺乏父亲的示范，可能会影响男孩的男子气质塑造。

同伴环境的影响。儿童需要和同性别的孩子在一起互相感染和模仿学习，互相影响，如男孩在一起玩打仗游戏、踢球等，有助于男性行为的发展，女孩在一起玩过家家、表演游戏等，有助于对女孩爱心、安静、美的追求等心理特点的塑造，反之如果儿童阶段长期缺乏同性别的伙伴，会造成性别行为的偏差。

4. 坦然面对性

性别本身是这个客观世界的一个客观存在。孩子对什么都好奇，3 岁左右的孩子开始对“性”产生好奇，想要谈个“究竟”，会问出很多问题，如“为什么他是男孩我是女孩”“我是从哪里来的”“我想和 XX 结婚”等问题。有的家长会认为这是一些不好的问题，要么刻意回避，要么胡乱回答，如“你是从垃圾桶里捡回来的”，或者“你是充话费送的”等，这样既不科学也会给孩子造成了“我不是妈妈亲生的”“这个问题不能问”等心理印象。对于儿童来说，性和其他事物一样没有差别，只是好奇想知道而已，并没有什么不洁的色彩，所以成人应该和孩子坦然面对有关性的问题，如告诉孩子“你是我生的啊”，如果孩子不再追问，可以适可而止，如果孩子进一步追问,可以带领孩子看一些关于儿童“我是哪里来”的相关绘本或者视频,让孩子直观地了解自己的诞生,从而尊重生命,感恩父母的爱。

5. 教会儿童自我保护

由于社会环境的复杂性,对儿童的性意识的保护也是一项重要的事情。2 岁前的保护应该主要由成人承担,如不要把孩子交给不信任的人,2 岁后可以告诉儿童自己身体的小秘密,哪些部位是别人不能随便触碰的。成人还要注意在孩子的面前穿着不过于暴露,夫妻不当着孩子的面过于亲密等,给孩子营造健康的成长环境。

// 指导建议

学习了本节的内容,让我们知道了帮助儿童走向社会的重要性,主要包括人际关系和相应的社会行为。

(1) 亲子关系,尤其是早期的依恋是儿童一生所有人际关系的基础,对儿童的心理健康影响很大,我们应该积极与儿童建立安全的依恋关系,让儿童获得最基本的安全感。

(2) 同伴关系对儿童的成长具有重要意义,我们要积极鼓励儿童与同伴玩耍,并教给他们一些同伴交往的技能。

(3) 亲社会行为的培养是儿童道德行为的核心和基础,我们培养儿童积极分享、与人友善、遵守社会规则,有助于儿童被大家接受和认可,有助于儿童尽快融入社会。

(4)攻击性行为儿童融入社会会有阻碍,家长应该分析儿童攻击性行为的原因,并及时加以纠正。

(5)家庭要正确对待儿童的性别,尊重儿童的性别,给予正确的引导,让每个孩子喜欢自己的性别,不可错位对待,给孩子的性别发展造成隐患,同时还要根据年龄不同,教会孩子自我保护。

第四章　智育

——培养聪明的儿童

案例呈现

张奶奶带着2岁的孙子隆隆在小区广场玩耍，看到王姥姥也带着2岁的外孙女玲玲出来玩，张奶奶热情地打招呼说："怎么这几天很少看到你们出来玩啊？"王姥姥："玲玲的妈妈给孩子买了一套益智玩具，说玩了这个玩具就聪明了，就天天让在家玩那个益智玩具，还开始让玲玲认字、背诗，所以就出来少了。"说着说着，就让玲玲给张奶奶背诗，玲玲虽然不知道自己背的是什么意思，但是也能背出《锄禾》《鹅》等好几首诗，张奶奶羡慕地说："就是好，我也回去给隆隆妈妈说一下，我们也买一套，让俺家隆隆也聪明聪明。"

每位家长都想让自己的孩子聪明、将来学习好，有成功的人生，但是如何让孩子变得越来越聪明，除了无法改变的遗传基因外，我们在孩子的幼年能做些什么呢？如何看待聪明这个问题，具体可以怎样做，是不是像玲玲那样背诗越早越多就一定聪明呢？

人们通常说的聪明，用专业的语言说就是智商，而想让孩子变得更聪明，绝不是简单的会背几首诗或者让孩子提前学习很多知识，如果方法不对，不但不能助益幼儿智力的发展，还可能会伤害孩子学习的热情，这一章就让我们一起了解一些和幼儿智力相关的知识以及促进幼儿智力发展的方法。

智力能保证人们有效地认识世界，包括感知觉能力、注意力、记忆力、想象力、思维力等。0~6 岁是儿童智力发展的黄金期，人类大脑发展最快的是生命的头三年，在生命早期，大脑以一种惊人的速度生长，婴儿出生时，大脑占成人脑重的 25%，到 2 岁时，大脑重量达到成人脑重的 75%。3 岁时大脑大小即成人的 80%，4 岁时，脑的代谢达到高峰，脑逐渐成熟，对能量的利用也更有效。

儿童的智力在形成过程中会表现出个别差异。这里面包含复杂的因素，有智力水平的差异，有种类的差异，也有智力发展早晚的差异。有的儿童记忆能力较强，有的儿童理解能力较好，有的儿童动手能力较强，有的儿童语言表达能力较强。每个儿童在智力水平上也是有差异的：非常聪明称之为神童的，是极少数的；非常愚笨的，也是极少数的；大部分人属于中等智商。有的儿童早慧，比如我们听说的一些神童；有的儿童大器晚成，比如历史上一些名人，小时候表现一般，甚至显得有些愚钝，如爱迪生、达尔文、爱因斯坦等，不过也有可能是他们某些潜藏的品质没有被发现，所以，我们不要过早地给儿童下定论。如果真的感觉孩子可能有问题的话，要到专业的测评机构进行鉴定，并给予相应的干预措施。

影响儿童智力水平的因素有很多，主要有先天的遗传因素以及后天的环境和教育。遗传因素不好改变，但是我们能改变后天的环境和教育。毕竟遗传因素只决定了一个人智力发展的起点，而不能决定一个人智力发展的终点，如果我们能给儿童创造良好的环境和教育，就可以使每个儿童在其遗传基础上得到最优化的发展。在儿童的早期，我们运用科学的教育方法，有助于儿童智商的发展。

第一节　打开儿童信息的大门：感知觉和注意力

案例呈现

毛毛8个月了，姥姥发现他最近总是不管拿到什么都往嘴里送，妈妈认为这样很不卫生，每次看到后都会很着急地从毛毛的嘴里抠出来，并告诉他不能吃，可是情况并没有改变，毛毛还是见什么都往嘴里塞，妈妈很是担心并伴随着呼喊和斥责。姥姥认为，孩子小时候都是这样，没什么好大惊小怪的，可是妈妈认为这样很不卫生，应该怎么办呢？

儿童对物体的探索最早是通过口腔的活动进行的。婴儿出生后，主要是通过口腔触觉认识事物。对于儿童来说，智力开发最基本的就是各种感觉器官功能的开发，各感觉器官是吸收外界信息的大门，而这些信息的积累和反应，是儿童智力发展的基础。

一、感知觉与智力的关系

人们常常说“耳聪目明”是有一定道理的，简单来说就是我们的视觉、听觉、嗅觉、味觉、皮肤觉等感觉器官是获取外界知识的信息通道，也是认识世界最基本的途径，也是所有智力的基础，如果没有这些感觉器官获得的基本信息，也谈不到记忆力、想象力、思维能力。儿童从出生就对各种不同感官刺激十分敏感，在掌握语言之前，特别是在人生最初的两年，儿童主要通过感官来认识世界和自己。可以说，感知觉是儿童认识外部世界和自己的基本手段，既是学习也是智力发展的基础。

二、儿童感知觉能力的培养

（一）日常生活中多给予儿童各种感知的机会

第一，要在生活中积极为儿童提供感知的机会，比如品尝不同的味道，辨别不同的气味，辨认不同的颜色和形状，感受不同的温度，用皮肤感受木地板、瓷砖地板、石板等。有些家长认为孩子小，外出不安全，整天将其圈在家中，这无形中剥夺了儿童感受外界的丰富多彩的机会。

第二，要帮助儿童收获同一感官不同的感性经验，以听觉为例，应该让儿童听不同的声音以丰富其听觉经验。孩子清醒的时候，成人可以给孩子唱歌或讲故事，尤其是母亲的轻声细语，这是对语言的聆听；自然界或生活中有许许多多有意思的声音，如呼呼的风声、滴答的雨声、清脆的鸟鸣、嘀嘀的车声等，成人应有意识地引导儿童注意听，这是对大自然的聆听；此外，悦耳的音乐作品也是丰富听觉经验的有益材料，如优美的钢琴曲、古筝曲等，这是对音乐的聆听。

周围环境是丰富多彩的，但并不是所有的事物都是有益健康的，如灼人的灯光、刺耳的噪声等，当这些对感官有不良影响的刺激作用于儿童时，家长要帮助其分析利弊，引导儿童学会保护感官。在实施过程中，要注意趣味性，避免机械训练，否则会伤害儿童学习的积极性，得不偿失。

（二）充分利用感官游戏

有意识地在生活中和儿童玩一些感官游戏，有利于儿童感知觉能力的发展。以下列举一些例子，给家长作为参考，家长可以在此基础上举一反三，灵活创编。

知识链接

不同月龄婴幼儿感官游戏举例

1. 0~8 个月的婴儿感官游戏

(1)视觉追随。灵活的视觉追随能力可以帮助孩子很好地观察事物，对以后阅读效率的提高大有帮助。视觉追随训练可以从出生后 3 周开始。婴儿平躺时可将直径大于 12 厘米的鲜艳的玩具放置在离婴儿眼平面上方 20~30 厘米处，孩子视线随物体上下、左右、围期、远近、斜线等方向运动，以发展眼球运动的灵活性及协调性。

(2)声音分辨与定位。首先，成人可以利用生活中或大自然中的声音(如水的滴答声、不同人的脚步声、开关电灯的声音、钥匙扭动锁孔的声音、风吹树叶的声音、动物的叫声等)训练听觉。其次，增强孩子对声音方向的辨别能力。成人可以站在孩子身后，通过说话声或玩具声诱发婴儿转头寻找声源。一段时间后再慢慢移动器具使它在孩子身后的不同方位和不同距离发出声响,逐渐提高孩子寻找声音的能力。

(3)触觉的发展。身体接触对0~8个月的婴儿而言是非常有价值的。在婴儿醒着的时候,家长需要抽出时间拥抱自己的孩子,亲子拥抱不仅可以帮助孩子建立基本信任也可以促进孩子多感官的整合。抚触操是此阶段很好的触觉运动,不同织物(硬的、柔软的、湿的、干的)也是此阶段触觉训练的好材料,照顾者可用天鹅绒、缎布、棉布等织物揉搓孩子的不同身体部位,也可以让孩子用身体或手去触摸室内外不同材质的墙面、地面、门面、桌面、书面或各种有趣纹路的物品,以增加孩子的触觉感受力。

2.9~12个月的婴儿感官游戏

(1)刺激物注解。本年龄段孩子需要增强感知信息的理解力,成人可以用语言将感官感受和信息特征描述出来。看到人,成人可以向孩子介绍眼前人的名字和身份,可以让孩子摸摸这人的脸和身体,如"他是爸爸,他有大大的鼻子,短短的头发,这是他的耳朵……"听到声音,成人可以向孩子解释声音的来源和特征,如"这是水龙头流出水的声音、这是开门的声音"。

(2)视觉—动觉协调。研究发现,如果有适当的玩具供孩子练习"够物"动作,到9个月大时孩子视觉与动觉的协调能力会很灵活。而灵活的"伸手够物"将使孩子对事物的认识更全面和更深入。

(3)视(听)觉游戏。儿童6个月大后可以进行一些视觉或听觉记忆的游戏。比如,“躲猫猫”“藏藏找找”“听声音后找物”等。

3. 13~24 个月的幼儿感官游戏

(1)颜色辨认。结合日常生活中看到的各种颜色的实物来进行,可以经常指着生活中的物品告诉婴儿,这是什么颜色,那是什么颜色。

(2)听觉辨认。①音高、音色、音强辨别训练,可选择不同速度、响度或不同乐器奏出的音乐或发声玩具让孩子辨别,也可让孩子辨别家中不同物体的敲击声,如钟声、敲碗声等。②语调区分训练,改变对婴儿说话的声调来训练孩子的语音分辨力,成人根据不同情景,用不同语调说话,使孩子逐渐够感受到语言中不同的感情成分,提高对语言的区别能力。③音乐感知训练。对音乐的感知仍以轻柔、节奏鲜明的轻音乐为主,节奏要有快有慢,有强有弱。可让孩子听不同的旋律(不同音色、音调、节奏的音乐)以提高对音乐的感知能力。

4. 25~36 个月的幼儿感官游戏

(1)扩大感觉的范围。应多带孩子接触大自然,注意引导孩子调动多种感觉器官参与观察活动,可教孩子看日出日落、感受风吹草动、听鸟语、闻花香等。

(2)图形—背景辨别。训练孩子把物体从包绕它的背景中区别出来的能力。如,从森林图片中找出长颈鹿,从混杂的几何图案中找到圆形,从一大群人的照片中找出爸爸妈妈。

(3)视觉填充。要求孩子在刺激不完备的情况下把刺激补充完整。如在图片缺失游戏中,成人故意把眼镜少画一个镜腿、故意把小白兔少画个耳朵，让孩子自己去发现缺失的部分。

由于孩子个体差异很大，所以不同年龄的感官教育项目必须根据孩子实际情况进行调整，发展慢一点儿的孩子可以把感官教育的项目削减一些，放到下一个月龄段，发展快的孩子可以把下一个月龄段的项目提上来。总之，感官培养不能完全按年龄将各感官的教育目标固定化和教条化。

（本文改编自文颐的《婴儿心理与教育》，北京师范大学出版社2015年版，第80-84页。）

（三）口腔探索

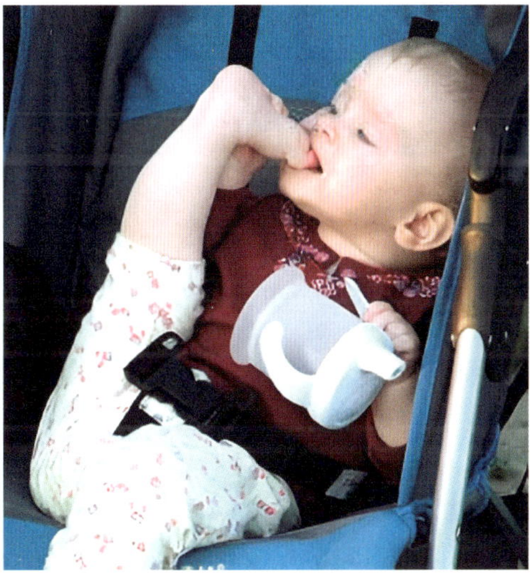
图4-1 婴儿口腔探索

婴儿出生后，主要是通过口腔触觉认识事物。1个月的婴儿已经能凭借口腔触觉辨别不同软硬度的奶嘴，4个月婴儿能同时辨别不同形状和不同软硬度的奶嘴。在这一时期，人们常常会发现婴儿总喜欢把物体不由自主地往嘴里送，这并不是什么可怕的“毛病”，而是他们在用嘴“认识”这个世界。同时在吸吮的过程中获得快乐和安全感。

当看到1岁以内的孩子往嘴里塞东西吃的时候，首先要保证孩子能塞嘴里的东西是安全无毒的，太小的有危险的物品要及时远离孩子。其次，当孩子吃到嘴里的时候，如果我们能够帮助他描述出相应的感觉是最好的，如甜甜的、酸酸的、硬硬的、软软的等，帮助婴儿把感觉和事物、语言联系起来。

有的家长可能会担心长此下去，形成一直吃手等不好的习惯怎么办。一般来说，如果在1岁以内给婴儿正常的满足，当他能够用手去探索事物的时候，就会减少用嘴去探索的次数，而后逐渐消失。

（四）手的探索

幼儿1岁多以后，手的动作逐渐灵活，探索的方式就开始由口腔转移到以手的探索为主，他们喜欢用手去摸、抓、撕、揉、捏等各种动作，这是幼儿手的触觉发展的典型表现，他们喜欢抓、捏、扔、摁、拉、拨东西，他们在用手探索环境、认识世界。

为孩子提供更大的空间，相应的条件和环境，可以给幼儿泥巴（面团）让他尽情地揉捏，给孩子不同材质的纸，让他揉成团、撕成条、折叠成不同的形状等，满足手的探索，同时发展手的触觉感受。

三、儿童注意力的培养

（一）注意力与智力的关系

案例链接

豆豆2岁半了，奶奶每次给豆豆讲故事，豆豆听一会儿就东张西望，不想听了。有时候，妈妈给他讲道理，他也根本听不进去。吃饭时，他总是吃一会儿就想去玩玩具或者吵着要看动画片。

完成任何有目的的活动都离不开良好的注意力，尤其是儿童的学习活动。有些孩子在课堂上，老师讲老师的，他忙他自己的，小动作不断，或者呼呼睡觉，或者人在课堂心已不知飞哪儿了，当老师提问的时候，一脸茫然，根本不知道老师刚刚讲了什么。注意力不集中，就不可能高效地吸收课堂知识，学习效果当然也不会好，反之，学习效果好的孩子，一般都是上课注意力集中的孩子。注意力直接影响到儿童的学习效果，所以，注意力本身虽然不是智力，但却直接影响着智力活动的效果。

（二） 儿童注意力培养的有效途径

1. 巧用无意识注意

3 岁前的孩子基本上都是没有明确目的的无意注意，比如鲜艳的颜色、突然的声音、好玩的玩具、电视里的动画片等，都会吸引孩子的注意力，所以对于年龄比较小的孩子来说，提醒或者命令其集中注意力是没有用的，如果想让孩子把注意力集中到一件事情上，最好的办法就是利用鲜亮的外表、好玩的动态、有趣的游戏或者内容来吸引其注意，如讲故事的时候配合表情和动作，让孩子参与讲故事中，把孩子吸引住，而不是命令其不许动，要安静地听完故事。

2. 利用游戏逐渐培养有意识注意

3~6 岁的儿童逐渐产生了有明确目的的有意注意，比如，妞妞看到妈妈回来会急忙跑过去。有意注意是指有明确的目的，有时候需要一定的意志努力的注意。儿童入学后的学习，基本上都需要用到儿童的有意注意，只靠无意注意是无法保证学习效果的，所以，3 岁后应该有意识地逐渐培养儿童的有意注意，比如可以通过游戏、讲故事等提醒儿童的有意注意。

游戏时光

利用游戏帮助孩子集中注意

(1)追踪星光。晚上，家长亮起手电筒，用手电筒随意照射墙壁和沙发等任何一点，让儿童追踪光点拍打。也可以让儿童拿手电筒照射，家长拍打光点，以增加游戏的趣味性。反复练习，可以训练孩子的注意力。

(2)你听到了什么。家长让孩子闭上眼睛，安静地聆听周围的各种声音，鼓励孩子听出房间内的声音，也听出房间外更远些的声音。

(3)看谁模仿得像。孩子闭眼或背对大人，大人做拍手、击鼓或敲击等动作，并问孩子："你听到了几下声音？能不能把刚才听到的声音拍出来？"还可以用不同节奏、不同音量等变换形式拍，要求孩子模仿。

3. 适当的语言提醒

由于儿童年龄小，意志力薄弱，外界的诱惑很多，所以很多时候孩子很可能被其他事物诱惑而不能集中注意于当前的事情，这个时候就需要家长有策略地提醒一下。

案例链接

月月正在画画

月月正在专心画画，宁宁敲门进来说："月月，咱们去玩吧！"作为儿童的正常反应，月月一般会说："好啊。"可能画画这个事情做一半就停了。但是，如果家长能够适时提醒一下说："月月正在画画，你可以等她画完再去玩，或者你们两个一起画画，怎么样？""好啊。"妈妈拿出画笔和纸，两个孩子一起兴致盎然地画了起来。

4. 培养儿童对活动的兴趣

孩子的直接兴趣来得快、去得也快，如丽丽看到幼儿园的老师弹琴就对弹钢琴产生了浓厚的兴趣，这就是直接兴趣，回去后很期待地给妈妈说："妈妈，我要学钢琴，老师弹得可好了，我们班凡凡弹得也可好。"于是妈妈联系了钢琴老师，安排了钢琴的学习，一开始丽丽的学习兴致很高，但是随着难度的增加，每次课后还要进行枯燥的练习，丽丽开始消极怠工，每次练习都很难做到专心致志，而这个时候妈妈就会批评丽丽。每当丽丽在弹奏中出现错误，妈妈就会要求丽丽反复弹这一句，如果反复出现这个错误妈妈就会着急生气，甚至会控制不住吼丽丽，丽丽也越来越不愿意弹琴了。奶奶看到这个情况后，每当丽丽弹得好的时候就用手机录下来，放给丽丽看，并发到家庭微信群里，说丽丽弹得真好，每当受到表扬和鼓励后，丽丽就会高高兴兴地去练习，所以如果想让孩子长期坚持一件事情，就要培养幼儿对活动的兴趣。

5. 排除干扰

由于儿童的自我控制能力还比较弱，很容易被外界吸引而分心，所以当儿童需要集中注意力做一件事情的时候，尽量排除其他干扰因素，如周围的环境应尽量保持安静，为儿童提供的玩具数量不要过多等，成人也尽量减少在旁边走动，比如一会儿去看看一会儿去问问，或者一会儿送个水一会儿送一个好吃的，或者在旁边指挥，等等，这些都是干扰因素。

// 指导建议

学习了本节的内容，我们知道了感觉器官是儿童吸收外界知识的门户，对儿童各种感觉功能的训练对于儿童智力的发展非常重要。0~3 岁是人一生中感知觉能力发展最快的时期，感知觉是所有认知的基础，许多研究也证明童年早期适宜的感官训练会使其感官变得更加敏锐，提高感知能力，为其将来的成长奠定充分的基础。但是儿童感知刺激并非“越早越好”“越多越好”，过多过早的刺激轰炸反而会给儿童的成长带来负面作用，所以应该遵循儿童成长的规律，给以适宜的刺激和科学的感官教育。

(1) 生活中多提供练习机会。

(2) 遵循发展规律，按孩子的年龄特征进行感觉能力培养，千万不能盲目追求速度，过早过多的早期训练会增加儿童的身心负担。

(3) 在对儿童进行感官训练时，要围绕儿童的生活环境展开。

(4)用心保护感官，健康的感觉器官是进行正常的、有效的感知活动的必要条件。保护视力、保护听力对儿童来说非常重要。

(5)注意力对儿童智力发展的影响，我们在生活中、游戏中要注重对儿童注意力的培养。

第二节　给儿童插上腾飞的翅膀：记忆和想象

案例呈现

这几天王奶奶带着3岁的童童，走到哪里都会让童童给大家背诵圆周率，童童表现得很吃力也很不情愿，张爷爷看到了说：“你这是干什么呢?”王奶奶说：“你没有看电视吗，5岁神童背诵圆周率，能背到六百位，10岁女孩会背字典，随便说个字都知道在哪一页，童童妈妈说记忆力很重要，所以也要把俺家童童打造成一个神童，每天都要背圆周率、背字典。”张爷爷咳了一声说：“我才不信这个呢，好好的童年都让这些人给糟蹋了！”王奶奶听了也一脸茫然，也不知道到底该怎么做了。

如果说感知觉是儿童吸收信息的门户，记忆就是儿童储存信息的宝库，想象对儿童的储存信息进行加工，可以创造出很多很多的新生事物，犹如给儿童插上了腾飞的翅膀，但是王奶奶家对于童童的记忆训练并不可取。

一、记忆是积累信息的宝库

记忆是儿童积累经验的基本手段,儿童的生活经验积累离不开记忆,后期的学习积累更是离不开记忆。记忆还是儿童想象、思维产生的基础。而且早期生活经历的喜怒哀乐的记忆,还会影响儿童性格的发展。

爱的叮咛

留下快乐的童年记忆

早期生活经历中关于情绪的记忆,会影响儿童性格的发展。先前保留在记忆中的情感体验,在一定程度上决定着儿童今后的行为倾向。所以,为了培养儿童开朗乐观的性格和积极的人生态度,增强儿童一生的幸福感,我们应该尽可能给孩子营造幸福的童年,留下快乐的、美好的童年记忆,而这个幸福体验与物质的多少并不是绝对的关系,更多的是情绪的体验,比如温馨的家庭氛围、充满爱心的妈妈、慈爱的奶奶(姥姥)、爷爷的故事、爸爸的游戏等,这些和美好的童年更直接相关。

(一)巧用无意记忆

0~3 岁儿童的记忆往往没有目的,直观的、形象的、鲜明的、活动的事物容易被儿童记住,儿童感兴趣的、能激起儿童强烈的情感体验的、能满足儿童需要的事物等容易被儿童记住。比如,婴幼儿认识奶瓶、认识母亲、区分熟悉的人和陌生人都和自己的需要、情感体验密切相关。

儿童的心灵就像海绵一样，无时无刻不在吸收着周围的事物，所以这个年龄段没有必要给孩子提出明确的记忆任务，想让他记住的内容，就伴随着游戏、环境、愉快的情绪体验，多次出现在他的生活中就好，比如经常给孩子播放一些美好的音乐、童谣、故事等，可能你看着他只是在玩根本没有在听，但说不定什么时候他会就一串一串地说出来，这种没有压力的无意识记忆更适合3岁前的孩子。

（二）利用游戏促进儿童的记忆力

对于儿童来说，游戏是最好的互动和教育的方法，可以通过和幼儿玩一些游戏，实现对儿童记忆力的培养，不同的年龄水平可以设置不一样的难度。

游戏时光

促进记忆力的游戏

1. 躲猫猫

3个多月大的婴儿就可以玩躲猫猫的游戏了，比如让孩子看着你的脸，你慢慢地用丝巾盖上自己的脸，然后再伴随惊喜的语言露出自己的脸，几次后，孩子会主动用小手去拉掉你脸上的丝巾，两个人都会用惊喜的语言来配合游戏的进行。还可以一个家长抱着孩子，另一个家长躲在这个家长的后面和孩子玩躲猫猫，也可以当着孩子的面，用丝巾遮盖住某个玩具，逗引孩子去寻找，可以根据孩子的水平增加难度。

2. 什么东西不见了

1~2 岁多的儿童，就可以在儿童面前放上小汽车、小皮球、拨浪鼓等常见物品，让儿童观察几秒钟，告诉儿童物品名称。让儿童闭上眼睛或用布盖住物品，趁机悄悄拿走一两样物品，然后让儿童说出什么东西不见了。物品可随儿童的接受程度更换。

3. 辨颜色

让儿童闭上眼睛，说出妈妈穿戴的衣帽是什么颜色。如果妈妈也闭上眼睛，说出儿童穿戴的衣帽鞋袜的颜色，将会引起孩子对游戏更大的兴趣。

4. 打电话

两个家长当电话，孩子充当电话线，一个家长偷偷给孩子说一句，让他复述，如果说对了，就就让孩子偷偷说给另一个家长，第二个家长大声说出来传递的内容，如果说对了，给“电话线”一个奖励，也可以轮换角色，家长充当“电话线”。这个游戏的关键是利用神秘感激发儿童的兴趣。

爱的叮咛

在生活中找东西、看图书、唱儿歌、复述生活中的事件，都可以锻炼孩子的记忆力，但是注意不要当成任务和压力，以免引起儿童的反感。

（三）通过言语引导，促进儿童记忆发展

儿童的记忆是以无意记忆为主，他们不会主动要求自己记住某种事物。在日常生活中，家长经常与儿童谈论过去的事情，通过

引导性对话帮助儿童积极进行回忆,对儿童记忆的发展有重大的支持作用。在引导儿童回忆的过程中,成人的提问一定要自然,不应造成儿童的紧张,使幼儿过于注重记忆的结果,而忽略了记忆过程本身带来的快乐。

(四)利用多种感官加深记忆

让儿童在识记时,尽量用到更多的身体器官,把眼、耳、口、鼻、手等多种感官调动起来参与记忆过程,记忆的效果会更加深刻和持久。例如,让儿童认识橘子,家长可以让儿童用手摸摸橘子的表皮,掂掂橘子的重量,用眼睛看看橘子皮的颜色、观看剥橘子皮的过程或自己动手剥,品尝橘子的味道。手、眼、口等多种感官参与,要比单纯让儿童看或成人一味地讲,记忆效果要好得多。

(五)尽量用通俗易懂的语言让儿童理解记忆的内容

虽然儿童的机械记忆能力比较强,不理解的内容也能记住,但还是尽可能让儿童理解后,记忆效果会更好,比如现在很多幼儿园或家长自己会让儿童背古诗或者《三字经》《弟子规》等中国传统文化经典,有的人认为不用给孩子讲,只管让他记住,他以后在生活中能慢慢去感受,这种观点是不对的,不理解的内容本身记起来就很困难,而且因为不理解,也没有办法和其他的知识经验发生联系,也是很容易忘记的,而且当我们不给儿童讲所背内容的意义,儿童也会自己去赋予其意义,而这个意义可能就会和本意偏差很远了。其实孩子根本不理解的内容纯粹靠反复重复机械记住也并没有什么意义。

案例链接

三五太难了

网络上一个小视频火了,一个大约三四岁的小女孩,眼含泪珠、一脸紧张地背着乘法口诀:"一五得五、二五一十、三五……三五……三五三十五。"一个老太太的声音生硬地插了进来,"三五一十五,记住了,三五一十五,再背一遍。"小女孩反反复复背了很多遍,可是就只会前两句,一到"三五"这里就卡壳,那个老人的声音也逐渐烦躁,最后小女孩哇哇大哭着说:"三五太难了,一点都不简单!"但她还是含着泪,被逼着继续背诵。

爱的叮咛

这样的背诵一点意义都没有,只会扼杀孩子学习的兴趣,使孩子产生厌学心理,所以不理解的、没有意义的记忆,不应提倡。

(六)适当教给儿童一些记忆方法

好的记忆力,一般都不是单纯的死记硬背,都有自己的记忆方法。孩子四五岁以后,可以适当教给儿童一些记忆方法。比如适当的重复、尽量理解、谐音记忆法、比较记忆法、联想记忆法、归类记忆法、形象记忆法、歌诀记忆法等。教给儿童一些记忆的方法,有助于儿童提高记忆的效果,但最重要的还是要激发起儿童愿意去记忆的主动性。

二、想象为儿童插上腾飞的翅膀

（一）想象与儿童的智力

想象和好奇是创造的萌芽，想象可以提升儿童游戏的质量，如骑着一个板凳就是骑马；拇指和食指一比画就是一把手枪；玩过家家，你是新娘、我是新郎，你是爸爸、我是妈妈，都离不开想象。幼儿的想象越丰富、想象的水平越高，越有利于儿童对事物的认识、理解和加工。例如，听故事时，儿童的想象是随着故事情节的展开而展开的，跟随故事情节逐渐深入，一幕幕被唤起的想象如同影片般在头脑中活跃起来。其他包括欣赏音乐、绘画和建构游戏，入学后的学习也同样离不开想象的支持。

人类的许多发明创造，最早多起源于想象。如传说中的“嫦娥奔月”，表达了人类早有登上月球的幻想，如今已成现实，可见，想象是创造思维的前提和核心。

想象可以维护儿童的心理健康，心理学研究发现，想象具有调节不良情绪，维持心理平衡，促进心理健康的作用。比如想象中的玩具伙伴能补偿儿童缺少游戏伙伴的现实，缓解其孤独感和寂寞感，通过想象，可以帮助儿童满足现实中无法满足的愿望。

儿童的想象常常脱离现实或与现实混淆，如有的孩子在玩橡皮泥捏的食物时，真会放到嘴里吃起来，看动画片里的飞天猫情节，自己也会从高处飞下来，是非常危险的行为，针对这个特点，像动画片里的暴力情节、危险镜头，家长应该在保护的基础上进行适当引导。

（二）儿童想象力的培养

1. 丰富儿童的生活经历，为想象积累素材

家长要经常带孩子拓展生活经历，见多识广，才会有丰富的想象力，什么都没有见过的孩子，很难有丰富的想象力。一个从来没有见过绵羊的儿童，是不会把天上的云朵想象成一群群的白羊的。经常带孩子出去走走，多让他们去看、去听、去模仿、去观察，通过参观、旅游等活动开阔儿童的视野，为儿童的想象增加素材。

2. 发展儿童的语言，促进想象的发展

家长在各种活动中培养儿童用丰富、生动、形象的词语来描绘事物，在讲述故事时，情绪饱满、抑扬顿挫、绘声绘色地进行描述和表达，从而有效地激发儿童展开丰富的想象。

案例链接

充满想象力的语言游戏

妈妈和2岁多的月月走在回家的路上，两个人一路描述着看到的风景和事物，如天空蓝蓝的，一团团的白云就像棉花糖，妈妈会夸张地说："如果我们摘一朵天上的棉花糖会是什么味道呢？"同时做出摘棉花糖的动作，并把手假装送给月月品尝，月月会假装接住棉花糖放到嘴里，做出品尝且幸福的样子，陶醉地说："好甜啊，好香啊！"母女俩会心地发出幸福的笑声。

3. 利用文学艺术活动发展儿童的想象

家长可以通过故事、绘本、猜谜语、音乐、绘画等方式激发儿童的想象，通过故事续编、仿编诗歌、适时停止讲故事让儿童猜测故事发展情节等来激发儿童的联想，使他们在已有的基础上构思、加工，创造出自己的想象成果。

美术、音乐活动的作用更为特别，可以让孩子们的理想插上想象的翅膀，无拘无束地发挥想象。要注意的是发展孩子的想象力，不要在艺术活动中用刻板的标准评价儿童的作品，比如画得像不像、演得像不像、舞蹈跳得是否标准，故事讲得对不对，这样反而限制了幼儿的想象力。

4. 在游戏中发展儿童的想象

游戏是儿童的主要活动。在游戏活动中，儿童的想象非常活跃。例如，在开火车的游戏中，儿童会骑在小凳子上，嘴里一会儿叫着“嘀嘀，火车出发了”，一会儿说“火车钻山洞、过大桥了，呜——到站了——”，等等。儿童的想象力正是在这种有趣的游戏活动中逐渐发展起来的。因此，家长要积极引导儿童参与各种游戏，让儿童在轻松愉快的游戏氛围中，使想象力得到充分发展。

5. 鼓励儿童大胆想象

给儿童自由的空间，包括思想上、行为上的自由，不要定格婴幼儿的思维，更不要扼杀孩子的想象力，要让孩子在自由宽松的气氛中异想天开。让每个孩子都有从自己的创造中获取乐趣和成功的机会。同时，成人要给予儿童积极、正面的反馈，以大大增强他们想象方面的自信心。

指导建议

学习了本节的内容，让我们知道了记忆和想象在儿童智力发展中的重要性，我们可以在生活中，利用随时发生的一些事、游戏、绘本等发展幼儿的记忆和想象，但是过多的没有意义的死记硬背并不可取。

第三节　智慧的高阶武器：思维和语言[①]

案例呈现

最近，刘姥姥抱怨自己4岁多的外孙女苗苗，总是不停地提出很多奇奇怪怪的问题，如“为什么小鸟会飞”“为什么哭会流眼泪”“为什么晚上没有太阳”“为什么天上会下雨”“为什么秋天树叶都落了”等。刘姥姥有时候也不知道怎么回答，就会说：“别问了，别问了，你烦不烦啊！”

其实这说明了苗苗开始在用脑思考问题，是思维发展的一种表现，也是智力发展的核心，思维反映的内容是客观事物的本质特征和内在规律性联系，是认识的高级阶段，而语言是思想表达的主要工具。思维水平的高低和个人的智力水平直接相关，而思维的

①在心理学上，语言和言语是两个不同的概念，语言是交流的工具，言语是个体运用语言的过程，考虑到本书对象的接受特点，本书里不再区分语言和言语，统一使用语言。

发展和儿童语言水平的发展又是密切相关的,那么如何培养儿童的思维能力呢?

一、儿童思维的培养

(一) 给儿童解决问题的机会

思维是在解决问题中积极思考产生的,我们说脑子越用越灵,所以在生活中,家长不要事事包办代替,而是当儿童遇到问题或者困难时,观察一下,等待一下,让孩子自己试试看能不能解决。例如,一个物体放在毯子上孩子够不到的地方。开始,他试图直接够取这个物品,但几次尝试均未成功。而一个偶然拉动毯子的动作,使他观察到毯子运动与物体运动之间的关系,于是开始有意识地拉拽毯子,直至拿到物体。这样,儿童不仅通过实践尝试解决了问题,而且积累了一定的经验。

(二) 在游戏中发展儿童的思维

游戏是儿童最喜欢的活动,在游戏里也会遇到很多问题情景,尤其是现在有很多益智玩具,如积木、插塑、拼图、走迷宫、蒙氏教具等,都有助于儿童动手能力和思维的发展,家长可以和儿童一起玩,但是不要总想着自己教儿童怎么玩,我们可以适当等待,让儿童自己探索怎么玩,儿童的思维能力正是在动手的过程中积极思考逐渐发展的。

其实很多游戏如过家家、丢沙包、打羽毛球等,表面上看似与智力没有关系,但是实质上都与儿童的智力息息相关,因为儿童的智力不仅仅体现在学习中,更体现在生活中的任何一个活动里。

案例链接

2岁的毛毛在玩形状镶嵌玩具,他拿着一个正方形的木块,先往三角形的格子里放,发现放不进去,又往圆形格子里放,发现还是放不进去,尝试了多个错误形状的格子后,发现可以放进正方形的格子里。第二次再玩这个玩具时,他出现的错误次数减少了,很快就能找到正方形的格子。玩了一段时间后,再拿到正方形的木块,他观察一会后,会直接放进正方形的格子里。

(三)提供活动与操作的条件和机会

家长要为儿童创造活动与操作的机会,引导孩子边操作边思考,如家长可以和孩子一起收拾玩具,对玩具行分类,并把不同类别的玩具放在不同的地方或玩具柜中。

1. 比较概括能力训练

比较主要是找出事物的相同点和不同点,概括是把不同事物的共同特点找出来。家长可以结合日常生活,引导孩子学会比较。如爸爸比妈妈高,儿童比妈妈矮;西瓜比苹果大,红枣比苹果小;三块积木比一块积木多等。通过比较,加深孩子对高矮、大小、多少等所比概念的理解。此外,还可以让孩子观察苹果、桃子、梨等水果,引导孩子逐渐懂得这些水果虽然颜色、形状、味道不同,但它们都是水果。

2. 分类能力训练

成人可以引导儿童先根据事物的共同点把事物归为较大的

类，再引导儿童根据不同点把事物分为较小的类，如先把玩具分为汽车玩具、积木玩具、布偶玩具等；再把汽车玩具分为救护车玩具、坦克玩具、消防车玩具、洒水车玩具等。

（四）保护儿童的好奇心

好奇心是创造力的根源，儿童时期是培养好奇心的主要阶段。孩子无论看到什么，都会忍不住问一声："这是什么？"或许还会再追加一句："可以吃吗？好玩吗？"因为有着旺盛的好奇心，孩子才会去接近，去探索，去把玩，非要找出答案不可。因此，激发孩子的好奇心很重要，可以培养他们对事物的求知欲，反之，如果孩子对任何事物都没好奇心、没有动力，害怕接触新事物，就会对日后的学习之路产生阻碍。阅读是非常能激发好奇心的方法，不妨将好奇心再化成行动，带着孩子出门探索，或到街上看看人群、车辆、商店等，或上山下海，观察花草树木、昆虫动物，鼓励孩子说出所看、所听、所闻、所触、所想，借由这些感官和语言的互动，给孩子丰富的刺激，培养无限的创造力。

（五）培养儿童的创造性思维

陶行知先生曾说过："天天是创新之时，处处是创新之地，人人是创新之人。"创新是发明创造最基本的特点，创新教育应从富有幻想和好奇心的娃娃抓起。

家长可以在游戏、绘画、劳动及日常生活中不断提出一些富有启发性的问题，引导儿童去讨论、去观察、去分析比较判断和推理，鼓励儿童大胆设想，寻求解决问题的办法。比如把一个塑料空瓶放进水里，塑料瓶浮在水面上，让幼儿观察，并可提出问题——怎样使塑料瓶沉下去呢？出示5个一样大小的红色小圆球，告诉儿童，其中4个是木球，1个是铁球，请他想个办法把铁球找出来。由于提出的问题新奇而有趣，因此儿童的思维很快就能活跃起来。

营造富有创意、激发幻想的环境氛围。如家中可以设置一幅“流动”画，每月更换一次，内容有抽象画、问题树，也可以是一幅无结局的画，让孩子有灵感的时候随时在上面添加。

二、儿童语言的培养

通过语言，人们就可以在较短时间内认识和掌握科学知识，接受前辈的经验；通过语言，人们能够相互交流，彼此理解，语言是人类最重要的交际工具。

语言还是思维的工具，高级的抽象逻辑思维都需要依靠语言进行，而且不管是说也好、写也好，思维的内容都需要通过语言输出来，所以语言能力强的人思维能力也较强。

通过语言，也能认识和调节自己的心理和行为，儿童的语言对心理和行为同样具有调节作用。年龄较小的儿童最初多按照成人的语言指示做出各种行动或制止各种不合宜的行动。比如儿童摔倒了，他会对自己说：“我是解放军，我不哭，我很勇敢，我不哭。”其实就是通过语言调节自己的心理感受，从而做出勇敢的行为。

1. 抓住语言发展的关键期

语言的发展很重要，0~6岁是语言发展的关键期，但并不是所有孩子的语言发展都是同步的。

案例链接

王姥爷一脸着急地推开了医生的门，诉说着自己的烦恼。外孙皮皮已经3岁多了，可还基本上不会说话，除了几个简单的称呼外，生活中简单的话也不会说。原来家里也没有认为这是什么问题，想着孩子终究有一天会说话的，到了该上幼儿园的时候，却发现普通幼儿园都不愿意收皮皮，老师建议家长带孩子去看看。医生经过仔细检查发现，皮皮在生理上没有任何问题，于是建议家长带皮皮去看一下心理医生。

心理医生经过了解才知道，原来皮皮的父母工作比较忙，在皮皮满月之后就让姥姥姥爷带走抚养，两个老人精力不济，住在高楼也很少下楼，他们认为皮皮那么小，说什么也听不懂，所以也很少与孩子说话，只是生活上的照顾，后来孩子想喝水的时候，会去拉着姥姥的手指指桌子上的水杯，姥姥就会把水送给皮皮，类似这样的生活，无形中错过了皮皮学习语言的关键期，而且姥姥姥爷和皮皮玩游戏的时间也很少，大部分时间都是让皮皮自己看电视，所以，皮皮不仅语言发展出现了障碍，性格上也比较孤僻，不愿与人交流。

儿童是在大量的听的基础上才学会说话的，一岁以内的婴儿虽然还不会说话，但是家长不能以为他不会说也听不懂，就不和孩子交流，我们应该利用生活中的互动，积极与孩子进行交流。

虽然1~3岁是儿童语言发展的关键期，是儿童语言发展最快的时期，但并不是每个孩子的发展速度都一样，有的发展较好，有的发展较慢，这和孩子所处的家庭环境、照顾者的性格、照顾者的语言水平有很大的关系，如果是一个善于交流的外向的语言水平较高的照顾者，儿童的语言就会发展较好，如果是内向的不善言谈和儿童交流较少的照顾者，儿童的语言发展就会比较迟缓。所以，作为孩子的照顾者，要经常和孩子说话，根据孩子的年龄特点，引导其积极发音、说话、说完整的话，逐步引导孩子语言的发展。

2. 倾听能力的培养

“听”是说的基础，不会听的儿童必然不会“说”。“倾听”别人说话的能力，包括听的兴趣、听的态度、“听”与“看”的结合和“听音辨音”的能力。

儿童一出生，父母就要经常跟新生儿说话。和新生儿说话时，要面对他，语言要亲切，语调可夸张一些、柔和一些，但声音不要太响。让孩子感到母亲的爱，引起愉快的情绪，从而越来越喜欢听。成人说得越多，儿童的反应也越多，开始形成对语言反应的习惯，这对以后说话是大有好处的。

3岁以后，家长可以选择儿童感兴趣的内容，以各种方法引导儿童感受倾听的乐趣，培养倾听的能力。在倾听过程中，引导儿童养成良好文明的倾听习惯。良好的倾听习惯包括安静地听别人说话、集中注意力听、不随便插话、以适宜的言语回答别人的问话等。

3. 给儿童示范正确的发音

幼儿初期常常不能掌握某些声母的发音方法，如将“g”音发成“d”音，“哥哥”说成“得得”，“姥姥”说成“咬咬”，出现类似这样的现象，家长也不用着急，更不能批评孩子，只要我们坚持给孩子示范正确的发音，慢慢就会纠正过来。怕的是家长本身的方言就是这样的错误发音，这将有可能导致比较顽固的错误发音，所以幼儿时期给孩子示范正确的普通话发音是很有必要的。

案例链接

yi er san si

2 岁的红红最近总是“s”和“sh”不分，“yi er san si”，她会说成“yi er shan shi ”，妈妈有点着急，就咨询了一位幼儿教育专家，教育专家给出的建议是：“如果大人能够说得清楚的话，这就是幼儿成长中的阶段现象，不用太紧张，但是也不能不管，可以有意识地和孩子说到这个读音的时候，重点慢慢读出来，甚至让孩子看着自己的嘴型，并教给孩子一些发音的技巧，如‘sh’是舌头卷上去的，‘s’是舌头尖顶住牙齿缝的，让孩子找找这两个发音的感觉，但是一定是温柔的没有压力的纠正，不能粗暴对待。”

妈妈照着专家的建议与红红互动，大约用了两周的时间，红红就能清楚地发出这两个音了。

4. 口语表达能力的培养

首先，在照顾儿童的过程中，及早对他们说话。其次，养成对儿童语言的敏感性，在他想说话时，要和他呼应，帮助他把话说出来。再次，善于倾听儿童的谈话，要耐心地听完孩子说的话，这样会使他们感到温馨且放松，增加语言表达的积极性。另外，要创造条件，让儿童积极地与同伴交往。在和同伴的游戏中，或合作完成某项任务中，幼儿会自然地用语言交往。

5. 儿童书面语言的准备

早期阅读是指儿童凭借变化丰富的色彩，生动形象的图画，相应的语言文字以及成人的言语表达，理解读物的认识过程。早期阅读是一种在成人帮助指导下所进行的以听、看、说儿童读物为主要形式的阅读。从阅读材料来看，儿童的读物不是以文字材料而是以图画为主的材料；从阅读方式来看，可以是儿童自主阅读，也可以是借助成人的帮助来阅读。

亲子阅读又称亲子共读，让孩子和家长共同分享多种形式的阅读过程，是让孩子爱上阅读的最好的方式之一。当爸爸妈妈和孩子共读一本书时，很容易就让孩子觉得读书是一件非常快乐的事情，进而更愿意自发地去进行阅读。通过共读，父母与孩子共同学习，一同成长；通过共读，为父母创造与孩子沟通的机会，分享读书的感动和乐趣；通过共读，可以带给孩子欢喜、智慧、希望、勇气、热情和信心。

6. 儿童口吃现象

口吃俗称结巴，出现的年龄大多在 2~4 岁。儿童的口吃主要由以下三种原因引起：①生理原因。由于 2~4 岁儿童的语言调节机能还不完善，造成连续发音困难。随着年龄的增长，这种情况会有所缓解。②心理原因。这是由于孩子说话时过于急躁、激动和紧张造成的。家长急躁、简单又粗暴的处理方式更会加剧儿童的紧张。③好奇模仿。儿童的口吃常有很大的“传染性”，因为好奇心强,爱模仿,班上某个孩子偶尔出现“口吃”,可能会使他们觉得有趣、好玩而加以模仿,最后不自觉地形成习惯。

对于儿童的“口吃”,家长要正确对待。首先,要为儿童创设宽松愉快的心理氛围,解除孩子的紧张情绪。家长要多引导孩子说话时不着急,想好再说,而不要总是去纠正、训斥或者取笑儿童,让孩子在轻松、被鼓励的情况下畅所欲言。其次,提醒儿童不要模仿别人的口吃。家长要让孩子知道模仿有口吃的人说话是不好的行为。最后,要鼓励强化儿童的每一点进步。当孩子有一点改进时,就大大地表扬,增加他们正常说话的信心。

// 指导建议

学习了本节的内容,让我们知道了思维是智力的核心,以及在儿童智力发展中的重要性,我们应该了解儿童思维发展的特点,让孩子在生活中、游戏中、解决问题的情境中,动手动口动脑,发展儿童的思维水平。

本节内容也让我们知道了语言对儿童的交流和智力的重要性,促进儿童语言能力的培养,可以从倾听能力、口语表达、早期阅读三个方面进行培养。

第五章　教育

——家庭教育为儿童的全面发展护航

案例呈现

晚饭时刻，家里的氛围又开始紧张起来了，张奶奶一脸不高兴地坐在客厅，儿子和儿媳则带着小孙子森森坐在餐桌前一声不吭地吃着饭。

森森刚刚1周岁，张奶奶认为这么小的孩子什么都做不了，家长应多为孩子做些事情，把孩子的日常生活照料好，吃饭、穿衣、外出都得把孩子安排得井井有条才对。森森的爸爸和妈妈都是大学教师，他们在对森森的教育问题上不同意张奶奶的看法，他们认为应该训练孩子做一些力所能及的事情。比如在吃饭的问题上，爸爸妈妈认为森森1岁了，应该重点训练他的抓握能力，通过自己用勺子、筷子等让森森的手指灵活起来，所以爸爸妈妈希望在吃饭的时候让森森坐在座位上自己动手吃饭，而不是奶奶喂饭。

张奶奶很不理解，自己喂孙子吃饭也有错吗？孙子才1岁，难道家长不应该照顾孩子吗？再说了，这么小的孩子吃饭弄得到处都是，到最后还是奶奶收拾，这不是故意给老人增加麻烦吗？

张奶奶的疑惑是很多家庭中都存在的问题，在对孩子的教育上，家庭里可能会出现多种教育观念，哪一种教育观念更适合孩子的成长呢？老人虽然在养育孩子方面有丰富的经验，但是由于社会和环境都发生了改变，或许上一代的养育经验已经不再适合现在的儿童。本章将带领大家来学习如何从更加科学的角度对儿童进行教育，包括家庭成员在教育中的角色、家庭教育的原则、家庭环境的创设、德智体美劳等教育内容的开展、社会关系、挫折教育、生命教育、入学前准备等方面。希望家长可以结合案例，将科学的教育观应用在自己的教育实践中，从而形成良好的家庭教育氛围，让老年教育者不仅有教育经验，更有教育方法，让年轻的父母学会合理有效使用家庭中的教育资源，减少教育过程中的矛盾和冲突。

第一节　家庭教育的重要性

案例呈现

住在乡下的李奶奶家的儿媳妇马上就要生宝宝了，这些天可把她忙坏了，每天都在准备婴儿要用的东西，此外还要收拾自己的衣物，准备去城里帮着儿子儿媳看孩子。她逢人便说："这一去啊，可能得到孩子上了幼儿园才能回来，要拿的东西太多了！"

可后来她接到儿子的电话，告诉李奶奶说不用带太多东西，只要过来看看就行。孩子一出生，就要和妈妈一起住月子中心，那里有专业的母婴护理师，不仅能带孩子，还可以把产妇照顾调理好，回家后会请一个保姆帮忙照顾孩子。这样老人家就不用太累了。

虽然儿子为自己考虑得很周到，但是李奶奶心里很失落。自己带大了三个孩子，把三个孩子都培养成了大学生，现在自己身体也很好，帮忙看孩子没有任何问题，为啥非要花那么多钱，又是住月子中心、又是请保姆的，这分明就是不想让自己带孩子啊。

李奶奶的心情我们都很理解，可怜天下父母心。父母都想帮衬自己的孩子，为孩子们分担生活的压力，这是无可厚非的，但是年轻父母的想法我们也要理解，一是不想让年迈的父母再受苦受累；二是时代变了，家庭教育不再仅仅是“看孩子”的问题，更重要的是对孩子的教育问题，现在家庭中最需要的就是科学的家庭教育。

家庭是生命的摇篮，是人出生后接受教育的第一个场所，是人生的第一个课堂，也是每个人走向社会的窗口，所以家庭教育是影响个体发展的重要因素。“幸福的童年可以治愈一生，不幸的童年要用一生来治愈”，这也表明家庭教育在人的一生中尤其是童年时期的重要的影响力，所以，科学的家庭教育尤为重要。

家庭教育是学校教育与社会教育的基础。它是人类教育史上出现得最早的教育形式，是伴随人类的诞生而诞生的。家庭教育是人生整个教育的基础和起点，既是学校教育的基础，又是学校教育的补充和延伸。

一、科学家庭教育的内涵

2021 年 10 月 23 日，十三届全国人大常委会第三十一次会议通过了《中华人民共和国家庭教育促进法》，其中指出：家庭教育，是指祖父母、父母或者其他监护人为促进未成年人全面健康成长，对其实施的道德品质、身体素质、生活技能、文化修养、行为习惯等方面的培育、引导和影响。

从以上定义可以看出，家庭教育的目的是促进未成年人全面健康发展，简言之，在孩子进入社会接受集体教育之前家庭教育要保证孩子身心健康地发展，为接受幼儿园、学校的教育打下良好基础，要想达成这个目标，必须理解家庭教育的内涵。

（一）家庭教育实施的主体

家庭教育实施的主体是未成年人的祖父母、父母或者其他监护人。孩子出生后，家长（祖父母、父母或其他监护人）就要履行这个角色赋予的义务，承担起相应的责任。家长不仅仅是孩子的第一任老师，也是孩子终生的老师。

首先，家长是儿童的榜样。家长是儿童的第一任老师，是儿童的启蒙者。在这里，启蒙老师不仅仅是教授者，还是呈现者，家长在儿童面前呈现言行举止、情绪情感，呈现对事物的看法和态度。儿童最初的学习是从模仿开始的，家长则是儿童的模仿对象，不仅学习家长的优点，同时也学习家长的缺点。

其次，家长是教育过程中的实施者。家长按照期望的目标在家庭生活中的各个方面对孩子进行教育和影响，是整个家庭教育过程的实施者，在与儿童互动的过程中去引导和教育儿童。家长在实施家庭教育的过程中，绝大多数的内容是即时的、是不系统的，也是没有事先组织的。相比较学校教育而言，家庭教育更有难度。

最后，家长是家庭教育中的监督者。家长对儿童的不被期待的、不当的行为具有监督的义务，对于家庭教育实施的成效也有监督和评价的责任。

爱的叮咛

祖父母、父母具有教育儿童的优势。从生物学角度来讲，祖父母、父母与孩子具有更多相似的基因；从家庭环境的角度来讲，祖父母、父母是孩子接触最多、模仿最多的对象，是孩子最亲近的第一任老师。

（二）家庭教育的主要内容

家庭教育的主要内容包括道德品质、身体素质、生活技能、文化修养、行为习惯等。教育要为社会培养德智体美劳全面发展的人才，家庭教育也不例外。家庭教育涉及诸多方面，从孩子出生后最基本的生活技能（如感知觉、动作、语言、记忆、思维、共情、移情）到社会化技能（如规则、纪律、道德、品德、价值观），都是家庭教育的内容。但是，家庭教育不同于学校教育，它的教育内容没有固定的模式和系统，往往都是即时教育，结合当下的生活事件进行教育，内容没有严格的先后顺序，形式也比较灵活。

爱的叮咛

家庭教育不是“看孩子”这么简单，无论是从教育内容上还是从教育形式上，都要符合孩子发展的需要。俗话说“三岁看大、七岁看老”，指的就是早期教育，早期教育的主要阵地就是家庭。日本著名教育家木村文一说“早期教育可以造就天才”。早期教育重在启蒙，启蒙教育不是单纯地向孩子灌输知识，而是根据孩子的兴趣、爱好、特长等给孩子提供更多可以促进其发展的条件，这就要求科学地对儿童进行教育。

（三）国家和社会为家庭教育提供指导、支持和服务

家庭是社会最小的组成单位，家庭教育不仅仅是一个小家庭的任务，也是社会的责任。国家和社会应该为家庭教育提供指导、支持和服务，工作人员应当带头树立良好家风，履行家庭教育责任。

家庭教育以立德树人为根本任务，培育和践行社会主义核心价值观，弘扬中华优秀传统文化、革命文化、社会主义先进文化，促进未成年人健康成长。

爱的叮咛

家庭教育发生在家庭中，但是家庭教育也离不开国家与社会的指导和帮助。月子中心也是一种社会资源，在家庭有能力的情况下，我们可以使用这种资源。随着社会的发展，以后会有更多的托育机构出现，那时候也会解放更多的老年人，所以，我们应该学会接受和使用社会给我们提供的资源。

二、家庭成员的角色定位

家庭中每个人都有自己的角色，每种角色都有自己适宜的位置和任务，大家要各司其职、各负其责、互相配合，这样才能保证家庭的正常运转。家庭成员只有扮演好自己的角色，才能保证家庭教育的有效性。

（一）父母在家庭中的角色和作用

父亲和母亲是整个家庭的核心，也是儿童生命的创造者，在儿童教育的过程中起着主导作用。简而言之，父母是家庭教育的主要责任人，承担着“主角”的责任和义务。

在传统的中国家庭中，父亲往往扮演着“男主外”的角色，承担着养家糊口的家庭责任，而母亲则扮演着“女主内”的角色，在家庭中承担着相夫教子的责任。在现代社会中，我们大力提倡男女平等，无论是父亲还是母亲，既有养家的责任，也有教育子女的责任。

爱的叮咛

爸爸认为自己是一家之主，负责赚钱养家，妈妈就应该承担起相夫教子的责任，这种教育观念类似于“0.5+0.5=1”。但实际上，家长对孩子的教育和影响并不是简单的加法原理，而是乘法原理。如果祖父母、父母只是在教育中进行简单的分工，则会造成“0.5×0.5=0.25”的结果。教育对父母的要求必须是全情投入，这样才能达到“1×1=1”的理想结果。

心理学研究表明，母亲在儿童的成长中起着至关重要的作用。一是母亲对儿童的教育具有早期性和必然性。母亲对孩子的教育是从胎儿期开始的，母亲怀胎十月与胎儿建立了先入为主的亲子关系，婴儿在出生后最先认识的人就是母亲，这种得天独厚的亲子关系让母亲在教育孩子时有先天优势，孩子更愿意去理解、接纳母亲的观点和看法。二是母亲对孩子教育的持续性。无可辩驳的事实注定了母亲是孩子成长过程中的第一位老师，也将是孩子的终身老师，即使孩子立足社会、已独立生活，在母亲眼里却还是孩子，母亲教育也将持续不断。三是母亲对孩子教育的唯一性。母亲是孩子生命的发源地，是孩子赖以生活与健康成长的依靠，在孩子心中，母亲具有至高无上的绝对权威，因为她是唯一的、不可替代的。[①]

父亲代表的是男性性别的影响，代表的是榜样和力量，父亲在家庭教育中的地位是不可或缺的。已有研究发现，积极的父亲角色或高水平的父亲参与能显著促进儿童认知、情感、社会性以及个性和自我意识等的发展。[②] 美国耶鲁大学一项持续 12 年的追踪研究表明，从小被父亲带大的孩子往往比被母亲带大的孩子智力更高、反应更敏捷，也更容易在未来取得成功。孩子如果从小就缺少来自父亲的影响，那孩子在智力发展、人际关系、情绪控制等方面都会受到很大的限制，父亲的缺位有可能还会影响孩子的心理健康水平。

---

①鲍育育：《当代妇女在家庭教育中母亲角色定位探究》，载《襄阳职业技术学院学报》，2018 年第 1 期，第 98 页。

②许颖：《父亲参与早期教养：父亲角色态度的影响》，载《儿童发展研究》，2015 年第 2 期，第 54-57 页。

综上所述，父母是家庭教育中的主力军，是整个教育过程中的主导者，绝对不能缺席对孩子的教育。

（二）祖父母在家庭中的角色和作用

祖父母已经成为家庭中的重要支持力量，和父母共同承担起教育孩子的重任。目前，我国有80%的家庭是祖父母、父母对儿童进行着共同抚育，大多数祖父母都体验了或者正在体验着隔代养育的生活。在具备隔代教育条件的家庭中，相对于祖父母来说，他们在家庭教育中应该以“辅助教育者”的身份出现。

就父母而言，在托儿所、保姆、祖父母这些人选中，祖父母是抚育孩子的最佳人选，把孩子交给祖父母来带，这让父母更加放心，也更加安心。首先，祖父母有丰富的养育经验，在面对孩子的日常问题时能够快速抓住关键症结，快速解决问题。其次，祖父母有充裕的时间，大部分祖父母处于退休状态，正是含饴弄孙的好时候，既可以帮助子女，又可以发挥余热，实现自己的价值。最后，比起托育机构和保姆，祖父母在血缘关系上有着优势，不会出现父母担心的敷衍甚至虐待等行为。

隔代养育行为并不等于父母可以在家庭教育中置身事外，相反，祖父母是在协助父母教育下一代，家庭教育依然应该以父母为主导。对待孩子时，应该放下权威，多多理解孩子的想法，与孩子平等沟通，不要溺爱。祖父母和父母应该统一教育观念，互相理解和尊重，互相配合提高家庭教育的质量。所以说，祖父母在家庭教育中是父母的得力助手，但是不能取代父母喧宾夺主，要以“辅助者”的角色出现在家庭教育中。

（三）兄弟姐妹在家庭中的角色和作用

在同一个家庭中，兄弟姐妹之间不仅是有血缘关系的亲人，更是生活与学习中的伙伴，良好的兄弟姐妹关系对个体的发展有着积极的促进作用，在模仿学习、情感支持、社会交往等方面相互影响。

哥哥姐姐是弟弟妹妹最愿意模仿的对象。年幼孩子喜欢模仿年长孩子的动作、表情、语调，也更喜欢玩他们玩过的玩具、穿他们穿过的衣服。所以，哥哥姐姐在整个儿童时期都是弟弟妹妹的榜样和指导者，哥哥姐姐可以使弟弟妹妹很快学会某种技能。

在危急时刻，年长的孩子给年幼孩子提供了坚定的情感支持，让年幼的弟弟妹妹找到安全感和归属感。比如，在祖父母、父母发生矛盾吵架时，哥哥姐姐就成了弟弟妹妹的守护者，防止弟弟妹妹因为害怕而产生焦虑。此外，兄弟姐妹的安全关系可以防止个体因遭受同伴忽视、冷落、拒绝、孤立而产生适应性问题。

兄弟姐妹之间的交往可以促进儿童社会交往能力的发展。无论是生活中真实的交往还是游戏中虚拟的交往，都为儿童提供了练习机会，儿童学会了在家庭中与兄弟姐妹相处，懂得了理解与谦让，也懂得从别人的角度考虑问题，这为儿童走向社会后的交往打下了坚定的基础。此外，兄弟姐妹之间还存在着竞争关系，偶尔也会产生矛盾和摩擦，这也为儿童解决人际关系问题提供了机会和平台。

兄弟姐妹在家庭教育中既是模仿者也是被模仿者，通过朋友般的亲缘关系对家庭教育进行着潜移默化的影响。

案例链接

茜茜今年5岁了，爸爸是一家公司的董事长，妈妈是全职主妇。爸爸妈妈为了培养茜茜，给她报了小提琴、跆拳道、舞蹈、游泳、马术、英语等十几个辅导班，除了每天上幼儿园之外，茜茜一直被保姆带着奔波在去上辅导班的路上。对此，爸爸妈妈非常骄傲，他们认为自己凭借家庭优势让孩子得到了全面发展。但是幼儿园的李老师却不这么认为，她看到茜茜在班里几乎不和其他小朋友交流，还喜欢动手打人，大家都不喜欢跟她玩。当李老师问茜茜为什么打人时，茜茜说小朋友们不听话，是坏孩子，坏孩子就要挨打。李老师找到茜茜的妈妈说明情况，希望家长们能够多花一些时间了解孩子，在情感上多陪伴孩子，让茜茜感受到祖父母、父母的关爱。但是茜茜的家长认为李老师是小题大做，茜茜的时间非常宝贵，家长不能把孩子的时间浪费在无聊的事情上，况且，专业教师肯定比祖父母、父母会教育孩子，只要祖父母、父母提供物质支持就可以了。

茜茜爸爸妈妈认为对孩子的教育完全可以托付给教育机构的专业老师，祖父母、父母只要给孩子提供物质基础就可以了。这是很多家长的想法，把孩子送到幼儿园，教育孩子就是幼儿园老师的事，等孩子上了小学，教育孩子就变成了小学老师的任务，家长就是挣钱供孩子吃穿、上学的人。

家长这么想是因为没有意识到家庭教育的重要性，家庭教育是一切教育的基础，家庭成员对孩子的显性或隐性的影响会持续一生，会波及认识、情感、社会性等各个方面，绝对不能忽视。

爱的叮咛

家庭是孩子童年的摇篮，良好的家庭教育则是美好童年的秘方，祖父母、父母是家庭教育的主导者，所以祖父母、父母对孩子而言是整个童年的主宰。家庭成员不应该缺席孩子的成长，反而要抓紧时间陪伴孩子成长，这才是家庭教育的核心。

三、家庭教育的作用和意义

心理学研究表明，儿童的心理问题，甚至成年人的心理问题绝大多数源于自己童年时期受到的创伤。家庭对人的影响之大是我们想象不到的，家庭教育对孩子的指导作用也是非常巨大的。

（一）家庭教育是人成长的奠基教育

家庭教育是人成长的奠基教育，对人一生的发展具有重要的影响作用。

家庭教育是发生最早的教育。它始于胎教，具有其他教育不可代替的作用，且家庭教育的成效直接影响后期的学校教育和社会教育。

家庭教育是范围最广的教育。从常识到技能，从理论到实践，家庭教育能够使人接受最全面的知识。它囊括了儿童最初的吃喝拉撒、坐立走跑等最基本的生存技能和说话、社交、自省等复杂的发展能力，所有新知识、新经验都可以在家庭教育中发生。

家庭教育是持续时间最长的、终身的教育。家庭教育不同于学校教育和其他教育，它没有规定的学制和年限，也不会颁发毕业证书和学历证书，但只要人不离开家庭生活，就会一直接受家庭教育的影响，所以家庭教育对人的影响也持续一生。

（二）家庭教育对学校教育具有支持作用

学校整体的教育与家庭教育密不可分。良好的家庭教育能够很好地支持学校教育，为学校教育打下良好的基础。相反，如果没有受到良好的家庭教育，儿童则会在以后的发展中表现出“不好教”“教不好”等问题。

由于社会经济发展的需求，很多父母需要到外地工作，无法把子女带在身边接受教育，委托给祖父母或外祖父母来照看，这样随之产生了很多“留守儿童”。祖父母或外祖父母往往文化水平不高、教育观念落后，只注重孩子的营养，不注重孩子的教养，他们认为只要让孩子吃饱穿暖就可以了，辅导作业、管教孩子的事情应该交给学校，甚至在有些家庭中还存在祖辈对孙辈过分溺爱和放任不管的现象，这就造成了留守儿童在学习上缺少监督和督促、阅读量少、知识面窄、作业拖拉等学习问题，生活中出现不讲卫生、沉迷手机、没有礼貌、情绪波动大等问题。这充分说明家庭教育是学校教育的有力支撑，良好的家庭教育可以为后续的学校教育奠定坚实的基础。

（三）家庭教育对社会文明发展具有重要促进作用

家庭是社会的细胞，是社会文化的载体之一，家庭教育对社会文明的传承和发展有着重要影响。家庭教育对于社会的现实利益也有着很重要的促进作用。如果家庭教育缺失，很容易导致人格缺陷，没有判断能力以及自控能力，甚至会在生活中出现犯罪行为。家庭是一个社会文化的载体，因此对于社会人民的传承以及社会的发展有着很重要的影响作用，所以好的家庭教育更能够有效地为人体灵魂奠基和塑造。

// 指导建议

学习了本节的内容，我们了解了家庭教育的重要性，并且认识到家庭教育是一门科学，还有每个成员在家庭教育中应该扮演的角色，我们懂得了家庭教育在儿童成长中的作用。但是在进行家庭教育中应注意如下问题：

(1) 正视家庭教育的重要性，谨记“幸福的童年治愈一生，不幸的童年要用一生来治愈”，给孩子提供良好的家庭教育环境。

(2) 定位好家庭成员之间的角色，形成科学、统一的家庭教育理念，不能出现“教育观念打架”的现象。

(3) 在家庭教育中，一定要尊重儿童，把孩子当成是和家长一样的个体来对待，不能把孩子当成自己的附属品来教育。

第二节　家庭教育的原则

案例呈现

星期天,4岁的大宝跟着妈妈和奶奶去逛超市,来到玩具区,大宝看到了变形金刚,于是从货架上拿下来放进了购物车。妈妈看到以后很生气:"大宝,你都买了多少个变形金刚了?家里都快被变形金刚塞满了,不许再拿了!"大宝很委屈地说:"家里的变形金刚和这个不一样,这个是大黄蜂,家里没有大黄蜂,我就要买!"妈妈听了以后更生气了:"什么大黄蜂小黄蜂的,我们规定每个月只能买一次玩具,这个月已经买过了,所以今天不能买任何玩具!"说完把玩具放回货架推着购物车走了。

大宝看妈妈走了,坐在地上大声哭起来。奶奶看着孙子这么伤心很是心疼,赶紧把大宝抱起来,在他耳边小声说:"真是个坏妈妈,咱们不理她!乖孙子别哭了,奶奶给你买!"妈妈看到奶奶这样溺爱大宝,对奶奶很不满:"妈,每次我管孩子的时候请您别插手,您老是这样纵容他,孩子怎么能听话呢?"奶奶也不甘示弱:"怎么了,他是个孩子,你跟孩子较劲有意思吗?超市这么多人都看着呢,我用自己的钱给孙子买玩具也有错吗?"

大宝妈妈对孩子的教育方式非常普遍,而奶奶和妈妈产生的矛盾也是生活中常见的。虽然看起来不是大问题,但是长此以往,对大宝会产生不良的影响。在这个家庭中,出现最大的问题是教育观念的不一致,妈妈认为应该让大宝遵守规则,奶奶则认为应该让大宝开心。每次妈妈进行教育时,奶奶都会当着大宝的面否定妈妈,这样会让大宝抓住奶奶这根“救命稻草”,当被妈妈拒绝时,只要当着奶奶的面大哭,奶奶就会反对妈妈,为自己争取到想要的东西。

当然,妈妈并没有耐心了解大宝的需求,大宝之所以非要坚持买玩具是有原因的,如果妈妈能够听听大宝的诉求,平心静气地安抚大宝的情绪,再告诉他解决问题的办法,或许大宝不会在超市里大哭大闹。

这是一种不良的家庭教育方式,妈妈和奶奶都没有遵循家庭教育的原则,所以才会不欢而散。

一、平等原则

在一个家庭中,家庭成员从年龄看有年长的,也有年幼的;从性别看,有男性也有女性;从社会地位上来看,有地位高的也有地位低的。但是回到家中,应该把这些社会角色放下,时刻都要以亲人的角色面对其他成员,因为家人之间应该是平等的。

虽然家长是成年人,是家庭教育的实施主体,但并不代表家长高人一等。虽然孩子需要家长的抚养和教育,但是他们和家长一样,是人格独立的个体。家长应该把儿童看成和自己一样的人,要像重视自己一样重视孩子的需求和问题。此外,在多子女的家庭中,祖父母、父母更要一碗水端平,摒弃“性别歧视”“出生顺序歧视”等做法，公平公正地对待每一个孩子，不能因为性别、年龄等因素而区别对待孩子。

心理学研究表明，家长如果可以允许儿童平等地和自己辩论，能够促进孩子明辨是非、树立自信，丰富孩子的想象力和创造力，有助于儿童形成更加健康的心理和健全的人格，所以在家庭教育中，一定要避免走入“独裁”的误区。

爱的叮咛

在家庭教育中，家长应遵循“理智施爱”的原则，不过分溺爱、宠爱，对待孩子应理智、客观，爱而有度。随着国家生育政策的放开，多子女家庭的比重逐年上升，多子女家庭教育的问题也随之而来。在“重男轻女”的观念之后又出现了“重女轻男”的观念，对家庭中的男孩或者女孩更加偏爱。还有些家庭偏向年纪较小的孩子，认为年纪大的孩子较为懂事应该礼让年纪较小的孩子。这些不公平现象会让受宠的孩子恃宠而骄，也会让不受宠的孩子缺乏安全感。在家庭教育中，家长应遵循“平等对待”的原则，对待孩子一视同仁、公平公正。①

二、尊重原则

既然家长和儿童是平等的，那理应尊重儿童。何谓尊重？古语指将对方视为比自己地位高而必须重视的心态及言行，现在已

①肖莹莹:《浅谈家庭教育的原则及方法》，载《现代交际》，2020 年第 7 期，第 152-153 页。

逐渐引申为平等对待的心态及言行。尊重儿童就是要认真对待儿童的需求、想法、观点、喜好，重视儿童成长过程中的每一个细节。

首先，尊重儿童的人格尊严和合法权益。和成年人比起来，儿童属于弱势群体，常常因为年龄小而被大人忽视，其实他们具有独立的人格，有自己的思想感情和愿望要求，家长应该像尊重成年人那样去尊重孩子的意愿，这样儿童才能树立自信，获得良好的自我概念。反之，如果家长对儿童的需求和意愿不够重视甚至嗤之以鼻，在儿童受到挫折时不去保护儿童，反而责备、怪罪儿童，这会让儿童感受到羞辱和惭愧，体验到自己是无能的，从而自我否定，丧失最基本的自尊和自信，最终发展成消极、被动的人格。

其次，尊重儿童身心发展规律和个体差异。人的发展是有一定规律的，家长要掌握儿童发展的基本规律，按照儿童发展的规律对儿童进行的教育才是有效的教育。现在很多家长信奉“不要让孩子输在起跑线上”这样的教育理念，不顾及儿童成长规律，在孩子很小的时候就报各种辅导班，美其名曰“让孩子全面发展”。例如有很多家长让不到 3 岁的孩子开始学习英语，认为语言的学习开始得越早越好，殊不知母语和第二语言的学习是不同的，3 岁之前应该是母语学习的关键期，第二语言的学习应该是 3~6 岁开始，3 岁之前学习第二语言会干扰母语的学习，得不偿失。所以，家长应该抓住孩子成长的规律（表 5-1）来进行家庭教育。俗话说“世界上没有完全相同的两片树叶”，在人类社会中，也没有完全相同的两个孩子。家长要接纳孩子的不同，允许孩子与别人不一样，也应该为与众不同的孩子感到骄傲。

表 5-1　儿童成长关键期

	关键期	具体发展内容
1	感官发展关键期	0~4 个月听觉;0~6 个月视觉;4~8 个月味觉;6~10 个月嗅觉;0~12 个月触觉
2	动作发展关键期	2~3 个月抬头;3~4 个月翻身;6 个月坐起;7 个月翻滚;8 个月爬行;11 个月站立;12 个月行走
3	语言发展关键期	0~6 个月哭闹;3~6 个月咿呀学语;7~9 个月认物;8~11 个月称呼敏感;1~2 岁说话敏感;2~3 岁儿歌敏感;3~5 岁故事敏感
4	细微事物感兴趣关键期	1~2 岁小事物敏感;1.5~3 岁细节敏感;3~4 岁玩水敏感;3~4 岁玩沙敏感
5	秩序关键期	1~3 岁秩序敏感;1~3 岁空间敏感;2~3 岁生活习惯敏感;2~3 岁物权敏感;3 岁左右懂得抑制;3~4 岁执拗、逆反
6	规范建立关键期	2~4 岁独立意识敏感;2.5~4 岁合作意识敏感;2~5 岁生活规范敏感;2~5 岁人际关系敏感;3~6 岁文明自律敏感
7	阅读关键期	3 岁左右看图识字敏感;3~4 岁绘本故事敏感;4~6 岁写字敏感

再次,尊重儿童的隐私。孩子到 2 岁左右时,自我意识开始觉醒,并随着孩子的不断长大,而变得更加强烈。也正是自我意识,让孩子慢慢地有了自己的隐私和秘密。很多家长喜欢在朋友、同事面前分享孩子在家庭中的趣事,这本无可厚非,但是如果这些趣

事涉及孩子的隐私，则会伤害到儿童的自尊心和安全感。当家长将孩子的隐私大肆宣扬时，则失去了孩子最基本的信任，只有当家长表现出对孩子隐私的足够尊重，才能让孩子更加相信自己的祖父母、父母，对祖父母、父母卸下心防，也更容易和祖父母、父母沟通和交流，也利于彼此间的亲子关系的正向发展。

那么，家长具体怎么做才算是尊重儿童呢？

第一，要对孩子积极关注。家长要给予儿童应有的关心、关注、关怀。很多家长因为工作太忙而忽视了孩子，工作之余回到家，手机成了解压放松的首先，陪伴孩子的时间就少了，对孩子的了解也变少了，这就不是尊重儿童。建议家长把关注的焦点多分给孩子一些，不管孩子年龄有多大，都需要得到父母、祖父母的关注。

第二，要学会听孩子说。有些家长认为孩子年龄小，说的话不能当真，甚至有些家长因为不了解儿童发展的规律，认为孩子总是说谎、说大话，其实是因为那个年龄阶段的孩子分不清想象与现实，把想象的东西当成现实来对待，让家长误以为孩子在撒谎。家长应该静下心来，听一听孩子的内心世界，这是尊重儿童的第一步。

爱的叮咛

在本节开头的案例中，大宝跟妈妈解释了自己为什么要买变形金刚："家里的变形金刚和这个不一样，这个是大黄蜂，家里没有大黄蜂，我就要买！"但是妈妈却说"什么大黄蜂小黄蜂的"，这种反应说明妈妈并没有认真去听大宝的心声，或者说妈妈把自己的原则看得比大宝的需求重要，在自己的原则面前，大宝的行为属于无理取闹。

大宝没有得到妈妈的尊重，内心充满了委屈和失望。如果妈妈能够蹲下身来，先听一听大宝想买玩具的理由，再认同大宝的做法，最后给出大宝一个选择："妈妈明白了，大宝想要大黄蜂，然后家里就会有一个完整的变形金刚团队，对吗？但是我们上个星期刚刚买过玩具，我们约定一个月买一次玩具，这个约定也很重要啊，如果我们违反约定，那家里的变形金刚也会失望的，这样吧，下次逛超市的时候，我们再把大黄蜂请回家，这样我们既遵守了约定，又完成了组队，你说好不好？"这样的处理方式，既充分尊重了孩子，也尊重了原则。

第三，要学会帮助孩子。帮助孩子是有技巧的，家长要懂得什么时候给予帮助、怎样帮助。儿童遇到困难和挫折时，家长应给留给孩子思考对策的时间和空间，不能因为一点困难就大包大揽，剥夺孩子自主解决问题的权利。当然，也不能让孩子停留在无尽的困难和挫折中，对孩子不管不问，这样容易使儿童丧失自信心。家长应该鼓励儿童自己想办法、找对策，对于实在解决不了的问题，家长应该及时给予帮助。

三、信任原则

信任包含两层含义：一是对他人的相信，二是对自己的相信。在家庭教育中，家长要相信儿童的能力，同时也要相信自己的能力。信任，会使人产生心理上的安全感，信任也会让孩子感受到被认可的价值感。

打着“一切为孩子好”的旗号，有些家长会代替孩子做了孩子力所能及的事情，有些家长要求孩子按照自己的意愿去发展，这些都说明家长对孩子自身的能力持不信任的态度，他们不相信孩子自己能够做好，也不相信孩子可以按照自己的理想成长为一个对社会有用的人。家长的包办、强势、不信任，会培养出一个自卑、怯懦、没有担当的孩子。

家长要学会尊重孩子的兴趣爱好，试着走近孩子，一起感受这些兴趣爱好带给孩子的美好体验。当家长愿意放手时，孩子是可以感受到这份信任的，这份信任不仅给了孩子希望，也给了他们自我监督的动力，在希望与动力的支撑下，孩子们就会朝着最好的方向去发展。

四、一致性原则

在隔代教养的家庭中，年轻父母工作压力大，加班等现象比较普遍；工作时间长，外部应酬多，这样就很少有时间对孩子进行家庭教育。于是，照顾孩子的重担就落在了祖辈身上，这是目前很多家庭中都存在的现象。然而，祖辈与父母辈的教育方式、观念等有所不同，容易产生分歧、矛盾，在教育上难以达成一致性。造成了祖辈教育的孩子得不到父母的认可，而父母的教育理念祖辈也不接纳和采用，久而久之，对孩子的家庭教育会矛盾重重。

因此,在家庭教育中,家长应遵循一致性原则,家庭成员应站在“同一条战线”,“态度一致、教育统一”,密切配合。一定要避免在孩子面前出现教育观念、教育方法“不一致”的现象,教育孩子的态度应一致、一以贯之,不能出尔反尔,全家统一思想、步调一致才能教育出优秀的孩子。

爱的叮咛

大宝妈妈和大宝奶奶就违背了教育一致性原则。妈妈定下的规则被奶奶一次又一次打破,大宝正是看到了这一点,才会在超市里又哭又闹,因为他知道奶奶一定会满足自己的需求。大宝奶奶还明确地反对妈妈,否定妈妈的教育方式,并且还认为大宝妈妈不应该干涉自己给孙子买玩具。建议大宝奶奶和大宝妈妈能够好好沟通,在大宝面前一定要保持一致的教育理念。

五、循序渐进原则

望子成龙、望女成凤是每一位家长的愿望,他们认为家庭要尽最大可能为孩子提供发展的机会和平台,绝对不能让孩子输在起跑线上,知识的获得赶早不赶晚,提早要求孩子进入学习状态。这就出现了在孩子很小的时候就开始盲目给孩子报各种各样的兴趣班、培养孩子各种能力与特长等乱象。孩子除了在学校学习,完成学校留的学业作业之外,还要利用休息时间学习其他课程,甚至有些孩子“全年无休”。这给孩子的身体和心理都造成了较大的压力,扼杀了他们的学习兴趣,导致家庭矛盾的产生。

其实在表5-1中就已经提到，儿童的发展是有规律的，能力的获得存在关键敏感期，只有遵循发展规律进行施教，才能取得事半功倍的效果。家长不能贪多图快，不能把“早”看成“好”，不能只注重漫漫人生路的起跑线，要考虑孩子的节奏，顾及孩子的接受能力，在适当的时候给孩子实施适当的教育，让孩子感受获取知识的快乐，而不是“一口吃成胖子”。

因此，在家庭教育中，家长应遵循“量力而行，循序渐进”的原则。了解孩子的年龄特点，从孩子自身的实际情况出发，由易到难，循序渐进地对孩子进行引导。

六、全面发展原则

教育的最终目的是要培养出一个全面发展的、对社会有用的人，很多家长在教育子女时出现了目标失衡、重智轻德的现象，把分数看得高于一切，忽视孩子在道德、体育、美育、劳动教育等方面的发展，认为孩子只要学习好就可以。甚至很多家长过分依赖学校教育，孩子成绩好就在金钱或者物质上给予奖励，这样做加重了孩子的功利心理，也会让孩子错误地认为成绩至上。在现代社会中，素质教育越来越重要，教育应该朝着培养身体健康、人格健全的人的目标发展。反观社会，各种心理问题在孩子身上逐渐显现，不良行为习惯层出不穷，道德沦陷的危机越来越重……这些现象的发生不得不让人反思，家庭教育的作用应被持续重视。

在家庭教育中家长应遵循“全面发展”的原则，在注重孩子成绩的同时更应注重孩子的德育发展，让孩子在智育、德育协同发展的同时，体、美、劳等方面全面发展。还有些家长认为不应忽视孩子特长的发展，便给孩子报了各式各样的特长班。这种观念过于片面，也容易让孩子产生厌学心理。家长应遵循“因材施教”的原则，不应操之过急，对孩子多进行观察，发现孩子的突出能力，重点发展、重点培养，这更易于挖掘孩子的潜能，能更好地培养孩子的技能①。

七、寓教于乐原则

和学校教育相比，家庭教育的方式更灵活，内容更随机，所以，在家庭中实施教育应该更注重儿童学习的愉悦性，保证孩子能够在宽松、快乐的环境中接受知识和技能。把教育纳入让孩子快乐、创造愉快情境的活动中，是家庭教育成功的条件之一。

寓教于乐是一门艺术，家长应该有方法有技巧，以便在教育孩子的过程中能够得心应手、游刃有余。比如，很多技能是可以通过亲子游戏的方式来获得的，通过比赛、合作等游戏方式增加学习的趣味，让孩子在快乐的亲子时光中获得能力的提升。

祖父母、父母懂得寓教于乐，让孩子学会劳逸结合，不要限制孩子的想象力。让孩子感受学习的乐趣，也能培养祖父母、父母与孩子之间的感情。

---

①肖莹莹:《浅谈家庭教育的原则及方法》，载《现代交际》，2020 年第 7 期，第 152-153 页。

// 指导建议

家庭教育有要遵循的底线和原则，但也不能固化这些原则，家长要学会根据儿童的个体差异来调整和完善家庭教育。学习了本节的内容，我们了解了家庭教育的七个原则，也认识到每一个原则背后的意义。以下是进行家庭教育时应注意的问题：

(1)在家庭教育中首先要学会尊重，尊重儿童，尊重其他的家庭成员，把每一个成员都看成是和自己一样重要的个体，这样才能高效开展家庭教育。

(2)家庭教育中一旦出现分歧，切记要学会倾听、懂得理解、愿意接纳，以宽容的态度来对待他人和问题。

(3)家庭是生产快乐的基地，千万不要因为家庭教育有原则而把家庭变成教育孩子的牢笼，要以最放松的姿态来实施教育。

第三节 家庭教育的优化设计

案例呈现

星期天，张奶奶带着孙子在小区遛弯，看到李姥姥一个人坐在长椅上晒太阳，于是走过去打招呼：“怎么一个人啊，外孙女呢？”李姥姥说：“外孙女跟着妈妈去上早教课了，我出来放放风。”张奶奶有些不解地问：“你们家女儿和女婿不都是老师吗？还教不了自己的孩子吗？用得着花那个钱吗？”李姥姥说：“那不一样，家里怎么能跟早教中心比呢！早教中心的课程都是成套的，专门给孩子设计的，在家里根本做不到。”张奶奶说：“家里有家里的教法，早教中心有早教中心的教法，在哪里都能学。”两位老人你一言我一语地争论着，你认为谁说的有道理呢？

很多家长把教育孩子的任务委托给专门的教育机构，认为这些机构有专业的教师、先进的理念、配套的设施、优美的环境，所以从孩子很小的时候就选择了早教中心。之后随着孩子年龄的增长，又会给孩子选择特长班和辅导班。进入学校以后，就将孩子的教育全部压在老师的肩上。为孩子选择专业机构必然重要，但是不能以此为借口推托对孩子进行家庭教育的责任。

张奶奶和李姥姥的说法都有合理之处，但都不够全面。家庭首先要创设环境，承担起对孩子最基本的家庭教育，有条件的情况下，也可以给孩子提供多种选择。很多家长把养育和教育区分开来，认为家庭就是负责把孩子养大，照顾孩子的生理成长，而学习知识、技能都应该由教育部门来负责，这种观念是错误的。家庭教育是学校教育、社会教育的基础，不对孩子进行家庭教育，就不能为学校教育和社会教育提供保障，也就无法奢求孩子进入学校、社会后有多么优异的表现。

一、家庭环境的创设

古语云：“入芝兰之室，久而不闻其香；入鲍鱼之肆，久而不闻其臭。”其字面意思就是进入充满兰花香气的屋子，时间一长，自己本身受到熏陶也充满了香气，于是就闻不到兰花的香味了；进了卖鲍鱼的市场,时间一长,自己身上都被熏臭了,也就不觉得鲍鱼是臭的了。这充分说明了环境对人具有重要的影响作用,“近朱者赤、近墨者黑”“孟母三迁”等故事也说明了这个道理。所以,家庭教育中首先要考虑的因素就是家庭环境。

(一)有利于家庭教育的环境要求

1. 和谐温暖的家庭氛围

良好的家庭环境要有和谐温暖的家庭氛围。家是我们的避风港,是让人感到最放松、最安全、最温暖的地方。一个和谐的家庭,成员之间是互相认可、互相接纳、相互信任、相互支持、互相依赖的。理想的家庭是温暖和谐的,在这个家里充满了爱与温暖,家庭成员之间彼此关心与爱护。夫妻之间关系亲密、和谐、融洽、恩爱,不在孩子面前争吵,也不会当着孩子的面贬低另一方;祖父母、父母对孩子发自内心的接纳与宽容,同时也要不失原则地提出合理要求;晚辈尊敬长辈,长辈爱护晚辈,父慈子孝,兄友弟恭。

在家庭中,家长对孩子没有指责,只有询问;没有谩骂,只有安抚;没有控制,只有引导。家庭成员相亲相爱,相互包容,彼此润泽。祖父母、父母在孩子面前既能保持一定的权威性,又能做到民主开放,倾听、尊重、信任孩子,让孩子在充满爱的温暖环境里快乐成长。

2. 融洽平等的教养关系

良好的家庭环境要有融洽平等的教养关系。教养关系有很多种类型:专制型、民主型、溺爱型、放纵型、忽视型等,理想的教养关系是民主型的关系。在一个积极的家庭中，如果家长和孩子之间的关系是平等、融洽的，那每个人的需求都可以被看到，继而被尊重、被满足，家庭成员可以畅所欲言，真实地表达自己。家庭成员之间的关系亲密但不控制，大家尊重彼此作为独立个体的存在，既给予他人关心和爱，又能保持一定的界限，满足个体成长的空间需要。幼时，祖父母、父母全身心地投入对孩子的养育，给予其充分的爱、照料和引导；成年后，孩子可以和祖父母、父母平等讨论家庭中的议题，共同解决家庭事务。整个家庭是一个和谐、亲密、张弛有度的状态。[①]

家长要求孩子做到的事情，家长首先要做出表率；重视孩子的意见和看法；祖辈与父辈之间要统一教育观念，互相支持。

案例链接

星星今年刚上小学，回到家最头疼的就是写作业。每天写完作业就快 11 点了，有时候连晚饭都顾不上吃。今天爸爸非常生气，在辅导星星写作业时大呼小叫的，整个楼层都知道星星又做错题目了。奶奶对爸爸的行为很生气："你就不能好好跟他说吗？你吵吵管用吗？"爸爸回怼道："你看看他是写作业的样子吗？一会儿抠抠橡皮，一会儿摸摸文具盒，就是不能集中精力！"妈妈也对爸爸不满："你别说他了，你看看自己，那是辅导孩子写作业吗？每天一下班回家手机从不离手，游戏一刻都不停，他能学好吗？"爸爸更生

①李翠华：《积极心理学视域下积极家庭环境的构建》，载《济南职业学院学报》，2022年第 3 期，第 97-100 页。

气了:“你是孩子的妈,你也有辅导孩子的义务,以后你来辅导,我出了这么多力,最后都成了我的错了!”这次又是不欢而散!

星星的家庭氛围不和谐、不融洽。奶奶虽然不能辅导星星写作业,但是对爸爸的辅导方式心存不满,当着星星的面批评爸爸,这是不妥当的;妈妈看到奶奶数落爸爸,立刻找出爸爸不认真辅导的证据,在孩子面前开始指责星星爸爸,这也是不对的,应该就事论事,并且不能当着孩子的面来处理这些问题;星星爸爸对待奶奶和妈妈的态度也不对,不尊重老人和妻子。

爱的叮咛

家长是孩子的榜样,家长应该为孩子提供良好的学习环境,至少在孩子学习的时候不打扰孩子,如果有条件,家长应该和孩子一起学习,营造良好的学习氛围,这样才是家庭教育的有力保障。

3. 积极的情绪体验和乐观的心理品质[①]

积极情绪能够帮助人们建构持久的资源,在积极的家庭里,成员最常体验到的是积极正面的情绪。积极情绪不仅仅是快乐,还包括愉悦、自信、满足、好奇、沉浸、意义感、幸福以及内心的丰盛感。家庭成员愿意以积极的姿态去面对学习、工作和生活,不以获得知识成绩或职位升迁作为成功的标准,而是重视在学习中获得成就感,寻找价值,体会积极情绪,拥有高幸福感。

在一个家庭里,祖父母、父母具有积极的心理品质,孩子会自

①李翠华:《积极心理学视域下积极家庭环境的构建》,载《济南职业学院学报》,2022年第3期,第97-100页。

然而然地展现出积极乐观的状态。身教重于言传，家长自身的积极心理品质对孩子积极心理品质的养成影响极大，祖父母、父母想让孩子成为达观的人，本身就需要具备这些品质和能力。很难想象一个自卑焦虑的家长能培养出自信乐观的孩子。所以，在生活中，我们经常看到一些家庭整体呈现出相同的精神风貌。积极的家庭，家庭成员往往都具有乐观、豁达、友善、向上的品质，会感恩他人、奉献社会，幸福感强。

（二）创设良好的家庭环境和途径

家庭教育中要想构建良好的家庭环境，需要家庭成员树立积极的家庭价值观，建立积极的家庭关系，营造良好的家庭氛围，培育孩子的优秀品质，同时实现父母的自我完善和成长。

1. 建立和谐的夫妻关系

在家庭关系中，夫妻关系是最核心、最重要的人际关系。夫妻关系和谐才能发展出健康的亲子关系、手足关系。对孩子而言，他的世界出现最多的就是父亲和母亲，从母亲处获得安全感，从父亲处获得自信。如果父母关系和睦，孩子的自我可以很好地整合；反之，他的内心世界会分裂成对立的两面，难以形成统一的人格。所以，一个积极的家庭需要和谐的夫妻关系做支柱。夫妻要认识并接纳自己与对方真实的存在，彼此宽容，相互欣赏，而不是坚持将对方改造成自己理想中的伴侣形象。夫妻之间要相互理解，相互尊重，学会从对方的角度考虑问题，找到适合的相处之道，通力合作，营造和谐的家庭环境。

2. 给予孩子充分的爱与支持

孩子是父母爱情的结晶，每一个孩子都应该是因为父母相爱而来到这个世界上的，爱是人类生命中永恒的主题，正如太阳和水于植物生长的重要性一样。在个体的所有发展阶段，家庭的爱与支持都是极其重要的。父母，尤其是母亲的爱和无条件接纳可以让个体顺利度过自闭期，获得安全感，开始个体分离化，并在与客体的互动中完成自体发展。婴幼儿时期的稚嫩、青春期的叛逆与动荡都需要父母具有足够的爱与耐心；给予孩子充分而有界限的爱，既要全心全意地爱，又要给予一定的空间，作为陪伴者、引领者，帮助孩子完成自我同一性发展。

3. 祖父母、父母学会放手

世间几乎所有的爱都是以相聚为目的，只有亲子之间的爱是以分离为目标。一个人形成完整的自我认识要从脱离祖父母、父母，学会独立开始。从呱呱坠地，祖父母、父母就习惯了孩子对自己的依赖和顺从，从小养成的习惯会让祖父母、父母不自觉地为孩子的一切作主。殊不知，孩子到了自我发展阶段，控制才是其最大的绊脚石。对于知识，我们能够站在前人的肩膀上学习，但是心理发展不同，一个人只有亲历过每个阶段，才能一步步完成心智发展的过程，任何人无法替代。所以，爱孩子请从允许他们独立开始。孩子长大后，亲子关系要从紧密逐渐变得松散；亲而不紧，既给孩子爱和支持，也要鼓励和理解，允许他们犯错，从试错中成长，放手让孩子去锻炼稚嫩的翅膀，经历风雨，他们才能飞得更高更远。

4. 给予孩子肯定、理解和尊重

个体的自我评价建立在他人的评价基础之上,并逐渐内化为自我评价。如果一个孩子生活在充满指责、批评和贬低的环境中,他会形成低自我评价;反之,如果家庭能够尊重孩子,给予充分的信任和尊重,理解其感受,肯定其进步,鼓励其优势发展,孩子就会快乐而自信,形成高自我价值感。一个在温暖、信任的环境中长大的孩子学会的是乐观和豁达,能够在人际交往中坦诚相待,和睦相处;一个总是被质疑、被斥责的孩子,内心会充满不安和自卑,难以与别人建立稳定而亲密的关系。所以积极的家庭需要给予孩子这些心理支持,足够的尊重会使他们觉得自己很重要,获得高自我价值感。放手让孩子去探索,在历练中前进和提升,才不会被挫折击倒。遇到困难时,家庭成员之间相互鼓励、共渡难关,可以为孩子提供很好的榜样。在孩子遇到挫折时,祖父母、父母的宽容与支持可以让他们重新鼓起勇气,克服困难,养成坚韧的品质。

5. 平衡好家庭中的三角/多角关系

一个家庭系统中,孩子与祖父母、父母组成三角关系,在多子女家庭,则呈现为多角关系。每组关系都是一个子系统,子系统运转良好,大的家庭系统才会和谐。现在,很多家庭开始养育两个孩子,孩子们之间的相处成为家庭中的一个重要议题。相对于独生子女家庭,多子女家庭关系更为复杂,祖父母、父母不仅要处理好夫妻关系,祖父母、父母与每个孩子之间的关系,还要处理好孩子们

之间的关系，这是更大的挑战。祖父母、父母要处理好与每个孩子的关系，给予每个孩子足够的爱和关注，看到各自的优点，并给予鼓励；呵护自尊，认可孩子的差异性；恰当处理孩子们之间的矛盾，用相同的准则要求他们，平等对待。亲子、手足之间的关系要有张有弛，其间的每个人才能在多个系统中健康发展。

6. 具有自我成长的动机和行为

世界上没有完美的孩子，也没有完美的祖父母、父母。每一对夫妻组成一个新家庭，都会不可避免地带有双方原生家庭的痕迹。很多时候家族互动模式会代际传递，继续影响下一代。如一个在暴力家庭中长大的人，在教育孩子时很容易使用暴力。所以，要构建积极的家庭环境，家长均要有开放的心态，学习心理学知识，了解儿童、青少年心理发展规律，在每个阶段给予相应的爱、支持与滋养。正是因为有了孩子，家长的生命才更加丰富，在孩子的成长过程中，家长会逐渐发现自己身上的不完善之处。所以，好的家长需要持续学习，不断自我成长，使自己更加完善，才能充盈自己，惠泽他人，为下一代提供更好的成长环境。

环境是重要的教育资源，应通过环境的创设和利用，有效地促进儿童的发展。儿童正是在某种环境的变化中，潜移默化地铸造着自己的个性心理和品格，发展着社会性情感。总之，良好的家庭环境是家庭教育成功的基石，家庭成员要有意识、有计划地为孩子创设良好的家庭教育环境，使家庭教育事半功倍。

案例链接

月月的爷爷和奶奶住在农村，不能经常见到月月，所以两位老人对月月特别宠爱。上个周末，恰逢中秋节，月月跟着爸爸妈妈回老家和爷爷奶奶一起过节。爷爷奶奶看到月月高兴得合不拢嘴，一个劲儿地问她："你想吃什么？想玩什么？"妈妈常常带月月到公园里坐小火车，月月就告诉爷爷奶奶："我想坐小火车。"村里哪有小火车，于是爷爷就趴在床上，让月月骑在他的背上玩起了小火车的游戏。月月玩得很开心，嘴里还喊着"驾驾驾"，爸爸妈妈看到也笑了起来。不一会儿，爷爷累得爬不动了，跟月月说："小祖宗，咱们歇一会儿吧，爷爷走不动了！"可月月正在兴头上，不同意爷爷停下来。奶奶看不下去了，直接跟爷爷说："看看，收不住了吧，有那么多能玩的你不玩，谁叫你带她玩这个了！"妈妈听到奶奶这样说，一脸不高兴地抱起月月去院子里玩了。

爷爷奶奶疼爱月月是不言自明的，把能给月月的都提供给她。爷爷带月月玩这个游戏也是为了哄她开心，月月不明白游戏的含义，只知道这样很好玩。但是我们应该教孩子长幼有序、尊老爱幼，这是最基本的品德。如果游戏开始时，爸爸妈妈进行制止，并且跟月月说明："你不能骑在爷爷背上，这样不尊重爷爷。"或许月月能够明白，但是中途打断月月的游戏，她一定会很沮丧。另外，如果奶奶和父母能够在爷爷喊累的时候抓住机会，给月月讲一讲爷爷奶奶辛苦抚养孩子长大的故事，或许月月也会理解爷爷此时此刻真的太累了。但是奶奶和父母什么都没做，奶奶心疼爷爷的话也让月月妈妈有了别的想法。这说明,爸爸妈妈对爷爷奶奶的尊重不够,所以孙辈对祖辈也不够尊重,家庭缺失了品德教育。

二、品德教育

习近平总书记不止一次说过:“孩子们要德智体美劳全面发展,做社会主义建设者和接班人,成为对社会有用的人,成为国之栋梁。”“人无德不立,育人的根本在于立德。”

在2018年的全国教育大会上,习近平总书记指出:“加强品德教育,既有个人品德,也有社会公德、热爱祖国和人民的大德。要坚持教育引导学生培育和践行社会主义核心价值观,做到品德润身、公德善心、大德铸魂。要加强对学生的法治教育,使学生养成遵纪守法的良好习惯。”“要教育引导学生从做好小事、管好小节开始起步,踏踏实实修好品德,学会感恩、学会助人,学会谦让、学会宽容、学会自省、学会自律,成为有大爱大德大情怀的人。”

才者,德之资也;德者,才之帅也。可见,德行是教育最重要的任务。我们应该为社会培养有德有才的人才,千万不能重智轻德。

(一)品德的含义

品德,即道德品质,也称德行或品行,是个体依据一定的道德行为准则行动时所表现出来的稳固的倾向与特征。简言之,品德就是在个体身上表现出的道德品质和道德规范。具体包括:道德认识(知)、道德情感(情)、道德意志(意)、道德行为(行)。

2019年10月,中共中央、国务院印发实施的《新时代公民道德建设实施纲要》中提出:"推动践行以爱国奉献、明礼遵规、勤劳善良、宽厚正直、自强自律为主要内容的个人品德,鼓励人们在日常生活中养成好品行。"这为品德教育提供了丰富的内容,我们可以把它归纳为爱国精神教育、理想信念教育、遵纪守法教育、文明行为教育、心理健康教育等方面。

(二)在家庭中进行品德教育的途径

家庭是品德教育的第一阵地,家庭教育的第一任务就是品德教育。在家庭中对儿童进行品德教育的方法是多样的、灵活的。[①]

1. 不拘泥于教育形式,灵活运用各种方法

孩子道德品质形成的过程中没有固定的模式,有时可以着重于说服,提高孩子的道德认识;有时可以从陶冶感情入手,以转变孩子的心理情绪;有时可以从指导行动入手,训练孩子的行为习惯;有时可以致力于锻炼意志,增强孩子自我修养的能力。具体落实时,要根据自己孩子知、情、行、意的发展以及外界的要求来决定。一般说来,对于年幼的儿童要少说空洞的大道理,而应侧重于行为习惯的培养;随着年龄的增长,家长就需要相应地注意一些道理上的讲解了。如果孩子行为规矩而思想认识不高,家长就应该注重提高他的认识水平;如果孩子思想认识清楚而缺乏具体的行动,家长就应该加强培养良好的行为习惯和坚强的意志。有的孩子因为种种原因,已经同家长产生了严重的对立情绪,家长用一般

①刘宏弘:《家庭中怎样对幼儿进行品德教育》,载《内蒙古教育》(职教版),2012 年第 5 期,第 24-25 页。

的“讲道理”“定规矩”的方法往往不能奏效，这时家长就要适当地“加温”，转变自己对孩子的反感情绪和生硬态度，让孩子感受到祖父母、父母的情意和家庭的温暖，这才是有效地进行教育的开始。

2. 要有耐心，善于重复教育

道德品质的教育和知识技能的学习不一样。它是知、情、意、行的形成过程，不像学习知识技能那样有明显的进度表。因此，家长对孩子知、情、行、意的培养应该同时进行。虽然有时在某一阶段需要集中进行某一方面的教育，但这只是突出教育的侧重点，其他方面的教育也要随时相机而行。而且教育不可能是“毕其攻于一役”的。有时孩子虽然懂得了道理，但缺乏亲身感受，情感也还没有转进来，行动的决心不大，因此就会出现反复；有时孩子虽然下了决心，但由于意志薄弱，缺乏自我控制和克服困难的毅力，不能持之以恒，也会出现反复，家长必须正确处理这些“反复”，对孩子进行不间断的教育工作，反复抓，抓“反复”。这是一个“螺旋式上升”的过程，需要家长在每一循环式的“反复”之中，对重复出现的教育内容恰如其分地提出每一步的要求。

3. 利用身边榜样，做好自身示范

家长是孩子的第一任老师，也是孩子最好的榜样，家长的身教重于言传。如果我们想让孩子尊重长辈，那么家长就要首先将尊重长辈体现在语言里，表现在行为中。革命领袖、英雄模范、各行各业的先进人物以及孩子身边的好人好事，往往会获得孩子的敬仰并引起模仿的自觉性。各种榜样的示范作用，在孩子的社会化

过程中会发挥巨大的力量。家长可以结合他们的事迹，说明他们的崇高理想和优秀品质，加深孩子对他们的理解，激发孩子学习他们的热情，并引导孩子把学习榜样同自己日常生活的“小事”结合起来，在行动上加以落实。事实证明，这方面的工作做好了，许多榜样会影响孩子的一生，成为鼓励他们前进的“旗帜”。反面的人物，错误的行为，也可以作为“反面教材”，使孩子引为有益的教训。

4. 坚持正面教育为主，积极引导

有些家长往往认为在孩子犯了错误的时候，斥责一番，甚至打骂一顿，似乎很能见效，其实这是完全错误的。这种不讲道理的办法，孩子虽然一时屈服于家长的压力，盲目服从或暂时服从，但时间长了易引发其他问题，如说假话、自卑感等。家长应该在孩子犯错时让孩子学会认识错误，教给孩子面对错误的勇气和改正错误的方法。

爱的叮咛

坚持正面教育和积极引导原则，还要注意耐心教育，持之以恒。孩子任何行为的形成，都是由量变到质变的过程，不是一下子就能定型的。家长一方面要对孩子坚持德、智、体各方面的正面教育，另一方面也要把教育工作看成是塑造人灵魂的工作，耐心地、坚持不懈地对孩子进行教育。

5. 及时给出反馈，明确表扬与批评

表扬与批评是教育孩子的一种重要手段，其目的是使孩子了

解自己行为的后果。因此,奖惩分明,及时表扬与批评,就在孩子的心理上起到了“及时强化”的作用。家长要善于使用表扬与批评,并且多使用肯定,因为表扬的效果往往比批评的效果要好。

爱的叮咛

以表扬为主,并不是不要批评。家长与子女情感较深,子女有了缺点与错误,家长的批评,往往容易接受。对一个积极上进的孩子,更应该有家长的积极批评。表扬的运用也要慎重,当子女有一般性的成绩时,家长可以不动声色,以免使他们养成优越感。

教育有法,教无定法,家长要根据孩子的特点对孩子进行品德教育,最重要的是要有耐心,持之以恒。

三、体育教育

案例链接

周日的早上,妈妈一早就把贝贝从被窝里拽出来,给他穿戴好,拉着他到小区操场上去锻炼身体。奶奶正好买菜回来,看到贝贝穿得很单薄,看起来都没睡醒的样子,心里很不是滋味。奶奶回到家以后,对贝贝爷爷说:“你看看贝贝妈,大清早的,不让孩子多睡会儿,非要拉着孩子去跑步,还穿得那么少,要是感冒了可怎么办?”爷爷说:“这又不是冬天,温度没有那么低,再说锻炼身体有什么不好,总比睡懒觉好吧！贝贝现在比同龄人都胖,应该锻炼!”奶奶听到这些话,不再作声了。

奶奶心疼贝贝睡不够、穿不暖，认为不应该大清早把孩子从睡梦中叫醒；妈妈和爷爷则认为贝贝需要控制体重，锻炼身体是好事。三位家长都没有错，只不过应该加强沟通，互相了解彼此的初衷，就不会意见不一致了。

健康的身体是成为优秀人才的前提，没有健康这个“1”，后边就算有再多的“0”也是徒劳。家长一定要把孩子的身心健康放在第一位，这样才能为祖国培养出栋梁之才。

（一）体育的含义

体育的含义有狭义和广义的区分。狭义的体育即身体教育，是通过身体活动，增强体质，传授锻炼身体的知识、技能、技术，培养道德和意志品质的有目的有计划的教育过程。它是全面发展教育的重要组成部分，是培养全面发展的人的一个重要方面。

广义的体育即社会文化活动，也称体育运动，是指以身体练习为基本手段，以增强体质，促进人的全面发展，丰富社会文化生活和促进精神文明建设为目的的一种有意识、有组织的社会活动。它是社会总文化的一部分，其发展受一定社会的政治和经济的制约，也为一定社会的政治和经济服务。体育文化的一个组成部分，是根据人生理、心理的发展规律，以专门性的身体活动为基本手段，增强体质，发展人体运动能力，提高人们生活质量的一种有目的、有价值的社会活动。①

不管是广义的体育还是狭义的体育，其本质就是以身体练习

①颜天民：《体育学概论》，广西师范大学出版社 2006 年版，第 30 页。

为手段,发展身体,增强体质,促进健康,培养良好的意志品质,促进人的全面发展,为社会发展服务。

(二)在家庭中进行体育教育的途径

家长要重视儿童的身体健康,形成良好的“家庭运动”理念,重视运动的作用和功能。

1. 充分重视运动的作用,转变运动观念

从生理意义上说,运动使身体的各种功能得到充分发挥,是增强抵抗力、减少和避免疾病的有效手段;从心理意义上说,运动有助于孩子增强自信心、责任感、荣誉感和集体主义精神,有利于培养持久性、果敢性、自制力、独立性等个性品质,使他们性格开朗、乐观、精神振奋、充满生气。体育运动还可以缓解学习压力、消除心理疲劳、释放不良情绪,得到身体的放松和心理上的愉悦。

从社会交往的意义上说,参加自己喜爱和擅长的运动项目,可以得到美妙的快感和心理上的满足感,融洽与伙伴、家长的关系,形成与他人亲和、合作的习惯,为适应未来社会打好基础。

从培养道德规范的意义上说,体育运动是一种特殊的社会文化活动,孩子不仅可以培养社会生活所需的行为能力,而且可学到社会生活的一般规则,还能培养尊重权利、履行义务的意识,形成正确的价值观和道德观,理解公平竞争的含义等。[①]

体育功能如此强大,家庭体育不可小觑。家长要转变体育运

①关颖:《家庭教育大有可为》,《中国教育报》,2015 年 8 月 23 日。

动的观念，形成科学的体育观和运动观，这是开展家庭体育的出发点。

2. 提供丰富多样的运动资源，创设运动的环境和氛围

首先，家庭中要准备一定的运动器材。如同儿童游戏需要玩具一样，运动也是需要器材做支撑的。单纯的跑跳对于儿童来讲，会觉得越来越枯燥，配合运动器材会让运动更具有娱乐性和趣味性。如篮球、足球、羽毛球、乒乓球等，不仅可以训练儿童的运动能力，还可以培养儿童的协作、协调和组织能力等；跳绳、踢毽子、丢沙包等可以训练儿童的跑跳能力和身体协调能力；弹珠、石子等可以训练儿童的精细动作和手眼协调能力。配合一定器材，可以吸引儿童运动，让儿童享受到乐在其中的运动趣味。

其次，家庭中要有运动的空间。城市家庭一般都住在楼房里，这在很大程度上限制了儿童的运动，一是空间大小的限制，二是邻里之间互相影响的因素，所以家长往往会要求儿童在家保持安静，不要制造出大的动静影响他人。家长应该克服困难为儿童创造一个活动空间，让儿童在学习之余进行适当的运动，劳逸结合。家长还可以利用户外的场地和资源，引导儿童进行体育锻炼。如利用社区提供的运动器材和运动场地，社区里的沙坑、运动区、广场等都可以作为儿童进行锻炼的场所，宽阔广泛的活动空间可以让儿童没有束缚地进行运动，尽情地释放自己。

最后，家长要善于利用游戏带动儿童进行运动。融入游戏元素的运动会更受儿童欢迎，家长参与其中更能激发儿童对体育运

动的热情。如家长可以带领儿童通过一些传统游戏来进行运动锻炼,跳房子、跳皮筋、丢沙包、老鹰捉小鸡等,都是儿童特别喜欢的项目。通过这些游戏,孩子们可以强身健体、陶冶情操。

3. 注重科学、健康、合理的饮食

孩子参加体育锻炼后,身体的消耗比平时要大一些,这时要注意营养。这里所指的营养不是指吃高级滋补品,而是要科学地安排饭菜,让孩子吃好吃饱。另外,要保证孩子有足够的睡眠,并重视他们的日常护理和个人卫生。①

此外,家长还要注意在平时的饮食中,合理搭配营养,养成健康的饮食习惯,不挑食偏食、少吃零食,还要防止儿童摄入过多高糖、高热量、高脂肪含量的食品,避免引起儿童肥胖和其他疾病。研究显示,肥胖儿童更容易患脂肪肝、高血压、冠心病等,儿童肥胖还会导致脂肪代谢异常、糖代谢异常,这也是儿童糖尿病的早期表现。此外,肥胖对于青少年心理也会产生很大的影响,不仅如此,儿童肥胖的患病危险因素也会延续至成年期。

4. 家长要以身作则,养成运动的习惯

家长(尤其是祖父母、父母)对孩子的习惯养成起到很大的助推作用。如果家长在家庭中从不重视体育,不进行运动锻炼,那么儿童肯定不会养成运动的习惯。要想使儿童有健康观念、有健康行动,家长就要走在前列。我们看到很多隔代教养的儿童小小年

---

①王文娟:《健康体育　在家也乐哉——略谈体育活动在现代家庭教育中的重要性》,载《读写算》,2019 年第 2 期,第 106 页。

纪就在广场上跳起了广场舞，动作协调流畅，这就是榜样的作用，祖父母带着孩子经常在广场上跳舞，久而久之孩子也就学会了。所以家长一定要以身作则，引领儿童养成良好的运动习惯。

家庭中的体育教育，核心是家庭成员都“动起来”，既把运动当成强身健体的目标，又把运动当成亲子沟通、娱乐放松的手段，这样的家庭体育才更有活力和持久力。

四、美育教育

案例链接

希希3岁了，他对蜡笔特别感兴趣，一拿到蜡笔就不知疲倦地开始“画画”。开始妈妈给他一个本子，他就有模有样地在本子上画，画一笔翻一页，很快本子就用完了，妈妈看到后对他说：“你要把每一页都画满再翻页，你这样纯粹是瞎画，还浪费本子！”说完妈妈就去忙自己的事情了。希希见妈妈不给他拿新的本子，于是就在家里的墙上画起来，不一会儿工夫，客厅里、卧室里、洗漱间都留下了希希的“杰作”，妈妈推门进来，看到希希的行为，对希希大声吼叫起来：“你干什么！整天就知道瞎画，知不知道这是刚装修的房子？怎么这么讨厌？”希希看到妈妈歇斯底里的样子，吓得躲在角落里不敢出声。奶奶看到了，对妈妈嚷道：“你看你把孩子吓成什么样了？有什么事情不能好好说吗？”希希看到奶奶为他出头，忍不住“哇”的一声哭了起来，家里顿时鸡飞狗跳。

从妈妈的角度来看，希希没有按照成年人的样子规规矩矩地画画就是“瞎画”，这种观念本身就是错误的。首先，当孩子对某件事情感兴趣时，家长应该最大限度地为孩子提供帮助，而不是去否定他们的爱好。其次，孩子年龄小，对事物的认识不够全面，作品中的形象大部分与现实不符，是想象出来的。他们画画、唱歌、跳舞都不应该用成年人的标准来衡量。再次，对于已经发生的事情，家长不要瞬间下结论，反正已经发生了，不如先静下来了解一下前因后果，问问孩子“画的是什么？”“为什么要画在这里？”或许听了孩子的解释，就不会武断地大吼大叫了。最后，奶奶不应该在妈妈教育孩子的时候指责妈妈，这样孩子就会无限放大自己的委屈，不去考虑妈妈发火的原因，久而久之，妈妈在孩子面前就会失去威信。

（一）美育教育的含义

美育是指培养儿童认识美、发现美和创造美的能力的教育，也称审美教育或美感教育。美育要通过各种艺术以及自然界和社会生活中美好的事物来进行。艺术是人类感受美、表现美和创造美的重要形式，也是表达自己对周围世界的认识和情绪态度的特有方式。

家庭当中的美育是为培育孩子心灵美、行为美服务的。家庭中的美育用现实生活中的美好事物、人物等艺术形象来感染孩子，会广泛而深入地影响着孩子的情感、想象、思想、意志和性格。

（二）家庭中进行美育教育的途径

“世界上本不缺少美，只是缺少了发现美的眼睛。”美无处不在，家长可以就地取材，利用身边的资源对孩子进行美的教育。

1. 帮助儿童从自然和社会中去感受美、发现美、创造美

家长要经常带孩子到大自然中去感受和体验万物之美。自然界的莺飞草长、花红叶绿，日月变迁、四季更替、春耕夏种、秋收冬藏等都是美的素材，只有带孩子融入大自然，让孩子亲自用眼睛看、用鼻子闻、用手摸，才能感受和发现实实在在的美，丰富孩子的经验，增加孩子的想象，这样才能创造出美的作品。

社会上也处处存在着美，辛勤耕耘的农民、无私奉献的老师、雨中执勤的交警、救死扶伤的医生……到处都有心灵美的典范，家长要给孩子讲这些人的故事，带孩子观摩他们工作的环境，燃起孩子对美的追求。在社会上还有建筑之美、创造之美，这些都可以成为家长教育孩子的素材。

所以，在有条件的情况下，家长要多带孩子走一走、看一看，读万卷书不如行万里路，让孩子从自然和社会中汲取美的营养。

2. 充分理解和尊重儿童对美的表现，鼓励儿童大胆想象

孩子的眼睛是清澈的，孩子看到的每一件事物都是美好的。成年人不要用自己的标准去评判儿童，而是应该试着走进儿童的世界、理解儿童的行为。美是没有标准的，每个人对美的表现也是不尽相同的，家长要充分肯定孩子的作品，尊重孩子独特的表达方式，并且鼓励孩子坚持下去，保护孩子的好奇心和想象力。

在上述案例中，希希妈妈以自己的标准来评判希希的画作，这就是没有充分理解和尊重儿童对美的表现。如果希希妈妈能够耐心问问希希："你画的是什么？"听希希讲出自己的作品故事，理解

希希，那么妈妈估计就不会那么生气了。所以，家长对孩子的理解直接影响孩子的想象力和创造力。

3. 因材施教，找到最适合儿童发展的训练方法

每一个孩子都是上天给予家长独一无二的礼物，是与众不同的。所以家长不能对孩子进行千篇一律的训练，这会扼杀孩子的创造力和想象力。有的孩子喜欢涂鸦，有的孩子喜欢手工，有的喜欢书写，有的喜欢歌唱，作为家长，应该帮助孩子找到最适合的发展途径，为孩子提供环境、创造氛围，让孩子在最适合自己的美育路上自由前行。很多家长纠结要不要给孩子报艺术辅导班，看着孩子特别喜欢唱歌、跳舞、画画，担心如果不报辅导班会耽误孩子更好地发展。其实，家长只要明确孩子发展的目标就可以解决上述问题，孩子唱歌、跳舞、画画是为了什么？如果想让他成为这些领域的佼佼者，那么一定要让孩子接受专业训练，不过这也应该基于儿童的意愿；如果是通过唱歌、跳舞、画画等来培养孩子认识美、感受美、创造美的能力，丰富孩子的生活经历，让孩子在以后的工作生活中有更多的兴趣和爱好，那么笔者认为最好是让孩子自由地发展，最好不要受到专业训练条条框框的约束，这样才能使对孩子的“美育”变成“美的教育”。

总之，家庭中的美育应该以家长的鼓励、支持、信任为依托，为孩子创造条件，培养孩子的审美能力。

五、劳动教育

案例链接

亮亮奶奶愁眉苦脸地坐在小区广场的椅子上，还时不时地抹着眼泪。居委会的王主任看到以后很纳闷，她知道亮亮奶奶刚刚从乡下搬到城里来帮助儿子儿媳看孙子，这还没有几天，怎么就不高兴了呢？于是她走上前去询问情况。

亮亮奶奶看到王主任，一股脑儿把这些天的“委屈”说了出来：“从亮亮出生，我都没怎么帮过儿子儿媳妇，那时候田里的活儿太忙，还好儿媳妇通情达理，自己停了工作，在家带亮亮。现在亮亮3岁了，该上幼儿园了，我年纪也大了，不再种地，于是我就想着来帮他们接送孩子，给孩子们减轻一些负担。”王主任说：“大娘，您能这么做太好了，现在年轻人压力也很大，帮帮他们吧！”亮亮奶奶说：“是啊，儿子媳妇也很高兴，我一来他们也能安心上班了。”王主任问：“那您怎么还不开心呢？是想家了吗？”亮亮奶奶说：“您有所不知啊，我是心疼亮亮啊！亮亮才3岁，这么小的孩子能干啥？可是儿子和媳妇天天让孩子‘自力更生’参加劳动，从早上起来，让孩子自己穿衣服，吃完饭自己收拾碗筷，上学前自己整理书包，甚至从幼儿园回来，要孩子自己洗袜子！你说哪有亲生父母这样对待自己的孩子的？我说他们吧，他们嫌我溺爱孩子，有时候我会偷偷帮亮亮，可是儿媳妇看见不高兴了，说我和他们教育观念不一致！我就不明白我当奶奶的哪里做错了！”

亮亮奶奶心疼亮亮,不愿意让小小年纪的孩子自己干活儿,觉得父母应该对孩子进行无微不至的照顾。但是亮亮父母认为孩子应该从小就参与家务劳动,自己的事情自己做,培养孩子的动手能力,让孩子掌握基本的生活技能。

亮亮奶奶的心情我们也可以理解,祖辈对孙辈的教育更多体现出怜爱、心疼、舍不得,但这对孩子的发展未必是件好事,国家提倡培养德智体美劳全面发展的人才,是从品德到人格、从知识到技能的全面发展,既要有发达的大脑,又要有灵活的手脚,亮亮父母要求亮亮从小参与劳动,是对孩子劳动技能的培养和锻炼,是值得提倡的。

(一)劳动教育的含义

劳动教育,是使学生树立正确的劳动观点和劳动态度,热爱劳动和劳动人民,养成劳动习惯的教育,是人德智体美劳全面发展的主要内容之一。

家庭中的劳动教育是家长向孩子施加的一种以劳动观念、劳动习惯、生产技术知识、劳动技能为内容的教育活动。其目的在于培养孩子热爱劳动,尊重劳动者,珍惜劳动成果的好习惯,并使他们获得一些基本的生产知识和劳动技能,从而促进孩子得到全面发展。

在家庭中的劳动教育应该是潜移默化、润物无声的,在实践劳动中培养孩子的优秀品格。家庭中的劳动教育以体力劳动为主,让孩子做些力所能及的事情,包括日常生活的自理、家务劳动、生产劳动、社会劳动等，同时开动脑筋，解决劳动中出现的困难，体验劳动者的艰辛，感受劳动带来的快乐，增加坚持劳动的毅力，爱惜劳动的成果。

（二）在家庭中进行劳动教育的途径

家庭为孩子的实践劳动提供了广阔的平台和充足的机会，家庭中的日常生活劳动（如扫地、洗碗、做饭、洗衣、整理等劳动）、生产性劳动（耕种、除草、浇水、收获等劳动）、服务型劳动（接待客人、照顾老人、照看弟妹等劳动）都可以成为对儿童进行家庭劳动教育的内容和素材。

1. 在游戏中进行劳动，寓教于乐

儿童最喜欢的活动是游戏，将劳动内容融入游戏中，会增加孩子参与劳动的积极性，也会增加劳动的趣味性。比如，2～3 岁的儿童已经学会了走路和说话，他们喜欢跟在祖父母、父母身边，看祖父母、父母做事，更喜欢模仿大人做事。这时候家长可以通过劳动游戏，教会孩子各种动作，培养孩子双手协调、手眼协调、四肢协调的能力。如家长可以通过“比赛剥毛豆”这样的游戏，带动孩子一起劳动，在游戏中，家长教给孩子如何将毛豆剥开、如何取出豆子、如何放进碗里等，孩子在模仿家长劳动的同时，也学会了基本的劳动技能，体验到劳动的快乐。

3～4 岁的儿童仍不能把劳动和游戏区别开来，经常以游戏方式完成劳动任务，这是他们劳动的特点。家长可以抓住一切时机，适当地设置情境，在与孩子的游戏中教会孩子穿衣服、脱衣服、穿

鞋袜、锻炼孩子的自理能力与自我服务意识。这也是儿童劳动教育的重要内容之一。[①]

2. 选择适当时机，家长陪伴儿童进行劳动

如果孩子能够从劳动中体验到快乐，那么他就会越来越喜欢劳动，相反，如果劳动带给孩子的是痛苦，他就会回避劳动。所以，家长在引导孩子进行劳动时，应该选准时机。比如，孩子正在观看自己最喜欢的动画片，这时候家长如果吩咐孩子去门口把垃圾倒掉，这就会影响孩子对“倒垃圾”的认识，他会认为倒垃圾妨碍了自己看动画片，是一件不好的事情。家长应该选择儿童的学习间歇、活动间歇来安排劳动任务。

年龄越小的孩子，对劳动的兴趣越不稳定。最开始也许是出于好奇，或是出于想要模仿大人等原因参与劳动，之后会因为劳动的单调性而失去好奇心和兴趣，家长应该在孩子最初参与劳动时，尽可能陪伴，多讲解劳动的意义和价值，让孩子对自己所做的事情充满价值感和自豪感，这样会稳定孩子对劳动的兴趣。随着年龄增长，孩子会越来越不喜欢参与劳动，这时候更需要家长循循善诱，让孩子将“这是父母（祖父母）的事情，我来替父母（祖父母）分担劳动”的观念转变为“这是我的事情，我要独立完成”的劳动观念，让孩子学会通过劳动为自己负责任。

---

①夏春秋：《浅谈家庭中的儿童劳动教育》，载《黑龙江教育学院学报》，2002 年第 2 期，第 52-53 页。

3. 劳动任务和强度要适当，孩子力所能及

在培养孩子的劳动能力时，一定要懂得适可而止。给孩子提出的劳动任务必须简单明确，结合孩子的兴趣，为孩子所理解并且有能力接受。随着儿童身心的发展，4 岁以后的儿童能够理解简单的指示，接受任务，并且对自己所担负的任务出现了最初的责任感，而且有了一定的动手操作能力了。这时可以让儿童自己收拾玩具，把某些物品放回原处，学着整理自己的东西。在劳动中，培养孩子良好的生活习惯，训练孩子摆餐具、抹桌子、扫地、洗袜子、浇花等。

6~7 岁时，可以让孩子自己整理书包，帮忙择菜、洗碗、倒垃圾等，让孩子逐步学会料理自己的生活。另外，稍大些的孩子可以放手让他去购买一些小的家用物品，锻炼孩子的商品意识和理财能力。在劳动过程中，孩子可以学会简单的劳动技能和技巧，可以培养他们良好的劳动习惯和独立意识，逐渐理解劳动的意义。需要注意的是，给孩子布置的劳动任务要有一定的“挑战性”。太简单了，孩子不感兴趣，不屑于做；太复杂了，孩子又做不好，反而失去了做的信心，不愿意去尝试。给孩子布置的劳动任务最好是稍经过努力就能做好的，这样可以激发孩子尝试的欲望和成就感。所以劳动任务一定要适宜，这是家庭中实施劳动教育必须注意的问题。①

---

①夏春秋：《浅谈家庭中的儿童劳动教育》，载《黑龙江教育学院学报》，2002 年第 2 期，第 52-53 页。

4. 家长对孩子的劳动要及时做出反馈

孩子一旦参与劳动，家长应该及时对孩子的行为进行肯定和表扬。得到肯定的孩子会多次重复这样的劳动行为，这是促使孩子养成良好劳动习惯的最直接有效的方法。

孩子在劳动中克服困难，完成了劳动任务，家长一定要及时鼓励。虽然通过努力克服困难完成劳动任务后，孩子内心非常骄傲和自豪，但他更渴望家长看到他的努力、看到他的成就，家长一定不要吝惜对孩子的表扬。

在劳动中，如果孩子遇到无法解决的问题，家长应该及时给予帮助，不要让孩子沉浸在无休止的挫折中。家长通过引导，让孩子尝试新的方法，掌握新的技能。如孩子在出门前要自己系鞋带，对于年龄较小的孩子来说，这是一项比较困难的事情。如果孩子一直系不好鞋带，会生出烦躁，甚至怀疑自己、否定自己的想法，这时家长应该及时给予帮助，可以先给孩子示范系鞋带的动作，然后让孩子模仿，也可以指出孩子在系鞋带过程中的错误，帮助孩子纠正。在家长的指导下，孩子能完成任务，也会激励其继续参与这项劳动。

5. 家长要接纳孩子劳动过程中的不足

孩子在参与劳动时，不能像成人一样尽善尽美，因为技能不熟练、动作生疏等，会让孩子在劳动中出现不尽如人意的地方，如扫地时扫不干净、洗碗时不小心把碗打碎、包饺子时弄得到处都是面粉等，这种时候家长不要责备孩子，也不能因为孩子做不好就不让孩子参与，要理解孩子产生这种现象的原因，懂得对孩子进行正确引导，“让儿童做好”才是劳动教育的目的。

此外，还要关心孩子的安全。有些劳动任务具有一定风险，如盛饭时会烫到，收拾碎片时会划伤，洗澡时会呛水，等等，家长要随时陪伴孩子。像电源、煤气、药品等，应该在家长监督和指导下才能接触。

在家庭中对儿童进行劳动教育不是一蹴而就的事情，需要家长有耐心、有恒心，配合科学的教养方法，让孩子从生活的点滴做起，掌握生存和生活技能，承担属于自己的责任和义务，这将是家长给孩子一生最受用的礼物。

爱的叮咛

马克思说：“劳动创造世界”。

高尔基说：“劳动使人建立对自己的理智力量的信心。”

俾斯麦说：“劳动可以使身体得到休息，劳动可以使精神得到休息。”

我认为，劳动创造生活，劳动创造身心健全的人。

六、社会关系培养

案例链接

豆豆今年4岁了，在幼儿园上小班。刚到幼儿园上班的李老师发现豆豆从来不和其他小朋友玩耍，也不主动和老师同学打招呼，经常会无故不来幼儿园。从班主任王老师那里了解到，豆豆本应该升入中班的，但是由于上小班的时候经常请假，导致一直以来都没有适应幼儿园生活，所以家长申请继续上小班。之后李老师就非常关注豆豆，发现他特别害怕与小朋友发生肢体接触，尤其害怕与男孩儿玩。李老师问豆豆："豆豆，为什么不去跟其他小朋友玩儿呢？"豆豆说："我喜欢自己玩儿，他们都太野蛮了。"李老师又问："什么是野蛮？他们会打人吗？"豆豆说："他们总是跑来跑去，推来推去，他们会把我撞倒。"李老师说："那你可以跟依依她们玩儿啊，她们不会跑来跑去，你可以跟她们玩过家家啊！"豆豆想了很久，最后说："我喜欢和奶奶玩儿。"

李老师通过和豆豆的祖父母、父母沟通发现，豆豆是由奶奶带大的，当时奶奶在农村一边种地一边照看豆豆，奶奶家的邻居都是老年人，几乎没有同龄的小朋友，所以豆豆很少和小朋友们玩儿。同时，奶奶害怕孙子受欺负，即使和有机会和小朋友们玩儿，也会紧紧跟在豆豆身后，不允许任何人对豆豆大声讲话或者有肢体接触。

奶奶对豆豆的保护可谓是无微不至，这虽然是好心，但也剥夺了豆豆参与社会交往的权利，以至于豆豆在与人交往的过程中不仅没有方法，而且会产生恐惧与焦虑，这就导致了豆豆在幼儿园与小朋友和老师的关系不够亲近，无法形成良好的社会关系，也不会从社会关系中获得支持，只会对某个人（奶奶）的依赖性很强。这不利于孩子形成良好的性格，也会影响以后的人际交往。当然，父母在孩子社会关系形成的过程中应该负主要责任，不能因为工作原因把孩子交给祖父母后不闻不问，孩子最容易和父母形成依恋关系,良好的依恋关系是孩子进行人际交往的基础,如果无法和最亲近的人进行情感上的交流和沟通,就更不容易和其他人形成良好的社会关系。

(一)社会关系的含义

社会关系的概念比较广泛,从关系的对象来说,社会关系就是个人与世界的关系,儿童的社会关系主要是指儿童与他人(家庭成员、社会成员)的关系;从内容上来说,儿童的社会关系主要指人际关系,包括亲子关系、同伴关系。亲子关系原本只是指父母与儿童的关系,但是由于当今社会祖父母抚养孙辈的现象越来越多,我们本书中将亲子关系扩大为祖父母、父母与儿童的关系。同伴关系既包含与家庭中的同龄人(兄弟姐妹、表兄弟姐妹、堂兄弟姐妹等)的关系,也包含与家庭外的同龄人的关系。

儿童的人际关系是在儿童与家庭成员之间关系的基础上形成的,儿童在家庭里与祖父母、父母、兄弟姐妹等形成的关系决定了儿童在幼儿园、学校和社会中形成关系的质量。

爱的叮咛

儿童阶段是人社会化的关键时期。在儿童社会化的全过程中,根据不同的年龄阶段来划分,有以下几个转折时期:①0~1岁。胎儿从母体内环境转入母体外环境,开始和周围的人发生最初的交往。②1~3岁。儿童通过对走路和说话的学习、练习,扩大了人际互动和社交范围,在了解自己和周围环境的过程中迈出了重要的一步。③3~6岁。儿童自我意识的形成阶段,心理发展变化快,个性开始有所表现，意识和行动的独立性倾向表现得最强烈。④ 6~11 岁。显著特征是情绪比较稳定，任性、执拗的现象逐渐消失，扮演的“角色”多了，人际关系也复杂起来。懂得在家庭、学校和社会等不同的场合以不同的身份出现，开始意识到自己人格的多面性。⑤女孩 11~12 岁，男孩 13~14 岁。这个年纪，一般是孩子青春发育期的开始，他们开始摆脱童年的稚气，进入少年时期，由儿童期向成年期过渡。自我意识得到进一步发展，逐渐能自觉地认识和评价自己的个性品质，独立性大大加强。同时社交范围扩大，朋友和伙伴开始在他们生活中占有重要地位。随着第二性征的出现，男女儿童都开始意识到两性关系。

（二）儿童良好的社会关系的价值

1. 良好的亲子关系对儿童发展的意义与价值

(1) 良好的亲子关系对社会人际关系之影响。家庭关系融洽、亲子关系紧密，让孩子在爱的环境中，有被关爱、被需要的感觉，那么孩子多数会有良好的人际关系；假如孩子一直在不和谐的亲子关系中成长，那么孩子大多会不信任他人，也没有令自己满意的朋友关系。

(2) 良好的亲子关系有助于良好性格的形成。温暖的家庭氛围、和谐的家庭关系有助于儿童形成自信、乐观、大方、宽容等积极正面的品质和性格，反之，如果儿童生长在一个压抑的家庭氛围中，常年看到的是严厉的祖父母、父母，面对的常是苛刻的要求，在家庭成员之间感受不到亲密与安全感，则容易形成自卑、消极、刻板、自私、叛逆等性格，不利于儿童以后的长远发展。

（3）良好的亲子关系让孩子受益终生。良好的亲子关系能够让孩子获得安全感，愿意积极探索外界环境，长大后就是一个有爱的人，身心健康的人。而不良的亲子关系可能会导致孩子出现一些行为问题，甚至是心理健康问题，这些问题可能一时间没有什么明显表现，但一旦累积到一定程度，到了青春期甚至成年以后，许多后果就会呈现出来，所以良好的亲子关系是很重要的。

2. 良好的同伴关系对儿童发展的意义与价值

（1）同伴关系的存在，可以让孩子满足自己的归属感和爱的需要以及被尊重的需求。儿童在集体中被同伴接纳并建立友谊，同时在集体中占有一定地位，受到同伴的赞许和尊重而产生一种心理上的满足，这有益于儿童的成长和发展。但归属感无法在一对一的友谊关系中获得，归属感是指一个人属于群体和被其接纳的感受。所以儿童社会才是这一价值体现的必要环境。

（2）同伴交往可以为儿童提供学习他人反应的机会。儿童在同伴交往中学习如何与他人建立良好关系、保持友谊和解决冲突，怎样对待领导与被领导的关系，怎样对待敌意和友善，怎样对待竞争和合作，怎样处理个人与小团体的关系等。这一切都是平等进行的。与祖父母、父母不同，同伴既是平等的，又是铁面无私的。同伴对儿童的影响主要是通过强化、模仿和同化机制实现的。同伴榜样在改变儿童行为和态度中具有很大潜力。儿童常模仿同伴的行为并将其同化到自己的行为结构中去。

(3)同伴是儿童特殊的信息渠道和参考框架。例如,儿童常从同伴那里获得一些不便或不能从成人那里得到的知识和信息。在同伴集体中,当发生规范性冲突时,儿童考虑到同伴提供的信息和团体规范,会表现出从众行为。儿童自我概念的形成也得益于同伴集体。同伴既可以给儿童提供关于自我的信息,又可以作为儿童与他人比较的对象。儿童在将自己与同伴比较的过程中形成对自我的评价。

(4)同伴是儿童得到感情支持的一个来源。同伴关系不良的孩子,由于与同伴交往机会有限,他们的发展将导致社会适应困难,比起其他儿童,这类儿童容易出现退学、逃学现象,容易产生孤僻、退缩、冷漠、压抑或其他不良心理,容易加入不良团伙,未来犯罪率也较高。在很多心理和教育领域的研究中表明,在学校里被同伴拒绝的孩子比有良好同伴关系的孩子更容易参与不良的社会团体和社会活动。所以,缺少同伴关系和社会化成长的孩子,是孩子未来成长中非常危险的潜在因素。被同伴拒绝的经历对儿童的反社会行为有病理性的影响,这种影响尤其在男孩身上更为显著。

(三)培养儿童良好的社会关系的途径

1. 良好的亲子关系的培养

良好的亲子关系是家庭教育的根基,也是家庭教育的纽带,家长要主动与儿童建立良好的亲子关系,以下给出几点建议:

(1)高质量的陪伴是建立良好亲子关系的法宝。陪伴对于孩子很重要,已经成为很多家长的共识。家长多花点时间陪孩子,就能解决家庭中的大部分挑战和问题。可是,很多家长以为,只要在孩子身边就算陪着孩子了。其实,孩子需要的不仅是陪伴的时间,更需要陪伴的质量。高质量的陪伴是指给予孩子充满热情的全然关注。在陪着孩子的时候,心思全部放在孩子身上,不打电话、不工作、不做家务、不玩手机,专注地陪伴孩子。陪孩子玩他们喜欢的玩具、陪孩子一起阅读、给孩子讲故事、陪孩子打球……重要的不是我们陪孩子做什么,而是我们的一颗心都在孩子身上。

(2)给予孩子足够的安全感。良好的亲子关系可以给孩子安全感。从孩子出生开始,我们不断满足儿童的需求,不让他们饿着、冻着,给他们陪伴、关爱,让他们舒适、快乐地成长。所有的这些都能增强孩子的安全感。孩子对家长有安全感,彼此之间建立信任,这是良好亲子关系的核心基础,也是孩子健康心理状态的基础。

(3)站在孩子的立场与孩子交朋友。任何关系的建立都应该是平等的,家长与孩子的关系也应该建立在平等的基础之上,我们虽然比孩子经验丰富,但是我们也应该站在孩子的角度去看孩子的世界,从而理解孩子的需求,为孩子提供发展所需要的平台、创造有利于孩子成长的环境。现在很多祖父母都是站在自己的角度来抚养孙辈,就如同孩子们嘴里常说的"有一种冷,叫奶奶觉得我冷"一样,虽然出发点是好的,但是没有考虑到孙辈的真正需要,这也是不利于良好的亲子关系建立的。

2. 良好的同伴关系的培养

与同伴的交往可以更快地促进孩子成长，他可以通过模仿其他同伴的行为，来快速达到学习的目的，也可以通过与同伴之间的交流、沟通达成情感疏导。培养儿童良好的同伴关系，建议参考以下几点：

（1）鼓励孩子与人交往。让孩子感到与人交往是有趣的，不论对方是什么人，特别是要与同龄的孩子交往，因为一个人总是要在同龄人中才能找到自己的价值。现在的孩子生活在成人的世界，而成人对弱小的生命往往给予了莫大的爱和“谦让”，让孩子不能正确认识自我地位，所以当孩子将与成人交往的准则移到同伴之间时，立刻发生了矛盾。对于胆小害羞的孩子情形就更糟，孩子受挫后也许会走向封闭。所以要鼓励孩子与人交往，可以定期邀请小朋友到家中做客，锻炼孩子的社交能力。

（2）教给孩子社交规则。在和同伴交往中，孩子往往是由于不懂得社交规则而表现出不恰当的行为特征。如被拒绝型儿童，有的可能很想和小朋友一起玩，可是却不知道怎样用语言表达。看到小朋友搭好了积木，他也想玩，跑过去，一把打掉或推倒已搭好的积木，自然不受小朋友欢迎；对某个小朋友表现好感，于是走过去打招呼——给一拳，却把小朋友打哭了；在和小朋友一起玩时，稍不如意就加以破坏，小朋友就不喜欢他了。对这样的孩子，家长和幼儿园教师要注意教给他交往的规则，如怎样和小朋友打招呼，怎样用语言请求和同伴一起玩，和大家玩不能只顾自己等。可以用示范表演来教给孩子解决问题的方法，如妈妈扮演同伴，表演不同的情景，让孩子学习怎样解决问题，然后交换角色，让孩子学会冷静处事、大度、合作、分享。

(3)民主的教养方式。家长的社交行为、对儿童活动的指导次数，及家长是否积极地影响儿童和他们在支持儿童活动方面表现出来的能力等都影响着孩子的性格、社交地位。我们提倡民主的教养方式，建议家长对孩子感兴趣的活动或东西做出积极的反应，这样有助于孩子获得安全感和被同伴接受。而且建议祖父母、父母对孩子的行为进行适度控制，给予孩子温暖，家长也要反思自己的人际关系、社交能力，为孩子做出榜样。

(4)家园共育。幼儿园对孩子的影响是很大的，家长要和教师共同努力。教师是影响孩子最有力的人物，尤其是对孩子的评价，因此作为教师，在教育工作中必须注意自己的言行对孩子的影响，不忽视任何一个孩子，让每个孩子都能体会到教师的关爱，在良好的同伴关系中，快乐地绽放童年！

七、挫折教育

案例链接

有一次，奶奶带着米粒儿在公园玩沙子，小米粒儿看到邻居家的鹏鹏在用铲车铲沙子玩儿，觉得非常有趣，于是就跑到鹏鹏跟前拿起他的铲车玩起来。但是鹏鹏不高兴了，顺手就夺过了米粒儿手里的铲车，并且对她说：“这是我的铲车。”遭到了鹏鹏的拒绝，米粒儿非常困窘,“哇”的一声就哭起来了。奶奶赶紧跑过来问:“哎哟,怎么了米粒儿,谁欺负你了?”米粒儿指着鹏鹏说:“哥哥不让我玩儿铲车。”奶奶感到很气愤,大声对鹏鹏说:“鹏鹏,你当哥哥的应该让着妹妹,妹妹平时让你吃了那么多好东西,你怎么连个铲车都不让妹妹玩儿呢?”鹏鹏被米粒儿奶奶这么一训斥,感到非常委屈,也开始哇哇大哭起来。鹏鹏的姥姥在一旁看着,有点不高兴,一边拉着鹏鹏往回走,一边说:“这么大人了,还跟孩子一般见识,真是的!”两家闹得不欢而散!

这种情况非常常见,孩子们在玩耍的过程中出现冲突和摩擦,遇到挫折,祖父母或父母不是让儿童自己解决问题,而是代替儿童去解决问题,往往会将矛盾冲突扩大,最后不仅解决不了问题,还会给孩子留下不好的印象,让孩子以后再遇到类似问题的时候产生畏难情绪,变得不主动、不自信。针对以上案例,奶奶在知道事情的来龙去脉之后,可以采取另外一种方式,将主动权交给两个孩子,如奶奶可以温和地问米粒儿:“你想要那个铲车,可以去和鹏鹏哥哥说好吗?”如果米粒儿是非常内向的孩子,不管怎样逼迫她,她也不会去的。这时奶奶可以尝试说:“我带你去好吗?”她点头。奶奶领着小米粒儿来到鹏鹏身边,蹲下来,对米粒儿说:“你和鹏鹏哥哥商量商量吧!”米粒儿的语气还有点虚弱,但勇敢多了,终于又重复了一句:“鹏鹏哥哥,能把你的铲车借给我玩一会儿吗?”鹏鹏说:“我正玩着呢!”奶奶可以指导米粒儿:“哥哥这会儿正在玩儿,你等一会儿玩行吗?”米粒点点头,又对鹏鹏说:“鹏鹏哥哥,那等一会儿你能借给我玩儿吗?”这回鹏鹏答应了,不一会儿就把铲车给她了。

奶奶不仅要表扬鹏鹏，还要表扬米粒儿：“你看，米粒儿自己就能和哥哥商量好！”祖父母和父母应该有意识地去培养孩子面对挫折的勇气和应对挫折的方法。

近年来，我国有些学校已经开始进行“挫折教育”，但在儿童教育中还比较少。在幼儿园，儿童接受的教育中缺乏耐挫折力培养，甚至有碍耐挫折力的培养。所以对儿童进行“挫折教育”刻不容缓，这是培养跨世纪人才不可缺少的一个重要内容，切不可等闲视之。

（一）挫折教育的含义

挫折教育，是指个体在从事有目的的活动时遇到的障碍、干扰，并难以克服，致使个人动机不能实现，个人需要不能满足而产生的消极的情绪体验和心理状态。儿童挫折教育是根据儿童身心发展和教育的需要，创设某种情景，提出某些难题，让儿童通过动手动脑来解决问题，从而使他们逐步形成对困难的承受能力、对环境的适应能力，培养出一种不怕困难、坚韧不拔和顽强进取的坚强意志。

（二）在家庭中进行挫折教育的途径

人在一生中不可能一帆风顺，困难和挫折在所难免。因此，对幼儿进行挫折教育，使其经历一些困难，受一些磨炼，以培养良好的心理素质和品行，必然有利于其更好地适应社会。不过，儿童良好心理品质的形成需要一个漫长和复杂的过程，不可能一蹴而就。在家庭中进行挫折教育，应当根据儿童的年龄特点，结合儿童日常生活，循循善诱，持之以恒，以期最终达到对儿童进行挫折教育的目的。

1. 把握教育孩子与疼爱孩子之间的关系

生活中的挫折无处不在，可以说，挫折伴随孩子成长的每一步。当孩子在生活和学习中遇到挫折时，我们应教育孩子克服畏难思想和依赖心理，鼓励孩子独立面对困难。比如孩子走路摔了一跤，有的家长会赶紧跑过去把孩子扶起来，还哄孩子说："这路真不好走，让宝宝绊一跤，来，让我们打它。"这样做的结果是使孩子把摔跤归于外因，不敢正确地面对"摔跤"这一小小的挫折。如孩子生病时，有的家长总是哄孩子说，打针一点儿都不疼，好像是蚊子咬了一口似的，过后孩子觉得受了骗，下次就会拒绝打针了。正确的方法是向孩子解释产生挫折的原因，并帮助他找到解决问题的办法，让他"吃一堑，长一智"。同时，也要把未经历之事的真实情况告诉他，让他在心理上有所准备。每遇到上述情况，作为家长要告诉孩子："走路眼睛要看着路面，才不会被绊倒。""打针有一点儿疼，吃药有一点儿苦，但打了针、吃了药，病就会好了。"孩子在思想上有了这种准备后，就不会因为摔跤而大哭不起，也不会因为吃药、打针而犯难。

2. 利用言传身教给孩子做好榜样

通常在孩子的眼里，家长和老师都很高大且无所不能。因此，成人在困难和挫折面前所表现出来的态度，对儿童的影响很大。幼儿期的孩子最擅长模仿，也最容易接受暗示。如有的家长在对待孩子的问题上自身就受不了挫折，生怕孩子发生意外。孩子一咳嗽，就急着送医院输液；孩子遇到点什么事就不知所措，家长比孩子还焦虑不安。这种情绪会不知不觉地影响儿童，使他们变得敏感，不能吃一点苦头。这是家长暗示的结果。作为家长，应该冷静、客观、积极地对待生活中的各种事情，即便遇到大的麻烦和困难，也不要轻易在孩子面前表现出消极丧气的样子。家长的冷静、宽慰的语言会给孩子以信心，使孩子自然而然地学会坦然地对待挫折。如有的家长在家务劳动中，有意识地让孩子帮着一起做；在处理某些家庭问题时让孩子参与讨论，通过家长对待挫折的态度、反应、行为等对孩子进行潜移默化的熏陶和影响。因此，在挫折教育中，家长更应言传身教做好榜样。

3. 有意识地创设情境让孩子战胜挫折

首先，在日常生活中，向孩子讲述一些名人在挫折中成长并获得成功的事例，让孩子以这些名人做榜样，不畏挫折。其次，有目的的选择一些儿童喜闻乐见的动画片或幼儿读物，与儿童共同欣赏，通过故事中角色战胜挫折的经历，来感染熏陶孩子，使他们懂得只有克服困难，战胜挫折才能进步，才会成功。最后，可以进行体能上的磨炼。平时适当给儿童实施点劳累刺激，磨炼他们的意志。例如，在幼儿园可鼓励儿童争做值日生，为集体做点事；带儿童在种植园地进行拔草、采摘活动；冬天天气很冷，鼓励儿童早起晨跑、晨练，磨炼他们与严寒做斗争的意志和毅力；在家里，可让他们做一些力所能及的小事，利用节假日带孩子徒步郊游、爬山、逛公园等,让孩子从中体验到劳累、体验到艰辛,体会到生活中除了甜,还有苦和辣,使儿童在各种环境中受到挫折和磨炼。

4. 适当的鼓励会增强孩子的自信

当孩子有了很好的榜样后,加上鼓励性的语言会更加自信。鼓励孩子时,也应注意语言,应以客观公平为原则,让孩子清楚地明白自己的对与错。有些爸爸妈妈经常以激励教育为主,很少批评孩子,结果现在孩子一点批评也受不得。孩子上课时不认真听课,做小动作,老师批评了她,第二天她说什么也不去幼儿园了。激励教育对孩子的成长确实有好处,但一味地夸大孩子的优点,忽视孩子的缺点,容易导致一些孩子的承受能力差,听不得一点批评,在遇到难解决的问题时甚至选择偏激的做法。因此,我们老师和家长平时对待孩子的态度要客观,在给孩子激励的同时,也要注意给孩子必要的纪律约束和适当批评,让他们体会到受挫折的感觉,学会自我调节。

八、生命教育

案例链接

茜茜今年5岁,她最近特别害怕死亡,总是问奶奶人死了会变成天使吗?而且她看了神话故事,就问奶奶怎么才能变成神仙长生不老?奶奶告诉她说人总会死的,她就伤心地哭起来。在看到电视中有人去世的画面时,会自己偷偷摸摸躲起来哭,被奶奶发现以后,就扑到她怀里,哭着说:“我不想让你死,你不要死……”奶奶不知道应该怎么引导她,给她讲人死了会去天堂吗?怎样才能帮助她克服对死亡的恐惧心理?

很多儿童在学龄前就会提出跟死亡现象相关的问题,特别是当家里有亲人去世,或重大的包含死亡的社会事件发生的时候。尤其是被祖父母带大的孩子,他们非常担心祖父母的离世。所以跟孩子讨论死亡是不可避免的,这是生命教育的一个重要课题,家长不用过于焦虑,让孩子正确面对死亡是缓解焦虑的有效途径。

我们可以通过自然界的循环来向孩子解释生死,例如:一个苹果从开花到结果,再到从树上坠落腐烂或是被摘下吃掉,经历了一个"由生到死"的过程。但腐烂的苹果和被吃剩下的果核孕育着新的生命,把它们埋入地下,又会长出新的苹果树。只要我们仔细观察,就会发现生活中万物的生命周期无不遵循"向死而生"的循环。我们还可以给孩子讲生命价值的延续等,通过让孩子正面对待死亡来缓解孩子的焦虑。

(一)生命教育的含义

生命教育,即直面生命和人的生死问题的教育,其目标在于使人们学会尊重生命、理解生命的意义以及生命与天人物我之间的关系,学会积极生存、健康生活与独立发展,并通过彼此间对生命的呵护、记录、感恩和分享,由此获得身心和谐、生活幸福,从而实现自我生命的最大价值。

从最根本的意义来说,生命教育乃是一种全人教育,涵盖了人从出生到死亡的整个过程和这一过程中所涉及的各个方面，既关乎人的生存与生活，也关乎人的成长与发展，更关乎人的本性与价值。生命教育的核心目标在于，通过生命管理，让每一个人都成为“自己”，都能最终实现自身的生命价值，即把生命中的爱和亮点全部展现出来，为社会、为人间焕发出自己独有的美丽光彩。

（二）进行生命教育的途径

1. 认识生命的规律与意义

死亡现象其实是生活中频繁出现的事实：枯萎的树叶、凋零的花瓣……以其敏锐的观察力和对生命与生俱来的感悟，儿童会捕捉到这些事实，并对之产生好奇。此外，死亡是生命周期的一部分，对儿童进行生命教育不仅能满足儿童天然的好奇心，也会让他们对生命的规律和价值有更深刻的体会。

2. 促进情绪情感的发展

死亡令人感到恐惧。这种负面的情感体验是不论成人与儿童都会拥有的。研究表明，对某个事物的恐惧情绪体验会随着对该事物的认知熟悉度的提高而缓解。人类对死亡的恐惧可能难以彻底消除，但对死亡更多的认识能够帮助我们缓解这方面的负面情绪。家长可以通过童话故事来缓解儿童对死亡的恐惧。如《三只小猪》中大灰狼吃掉了两只小猪，《白雪公主》中坏皇后雇猎人杀死白雪公主。这些故事情节对孩子来说是“恐怖残忍”的，但他们往往对此非常着迷，希望成人一遍又一遍地讲述这些故事。这其中不仅有故事情节吸引力的原因，也有孩子情绪情感的需要，因为重复讲述可以让孩子一次次体验恐怖的故事情节，并渐渐淡化初始的恐惧情绪。

3. 生命教育需要选择合适的时机

如果夜深人静，孩子快睡觉时突然跟他们讨论“生死”的问题，显然是不合时宜的。以下几种情况对孩子进行生命教育比较恰当。

第一，生活中随机出现的死亡现象并引起了孩子的关注，例如，出门散步时孩子看到路边有一只死去的小鸟或一条死去的蚯蚓，并提出疑问，这时跟孩子谈论死亡的话题比较合适。

第二，家中有亲人亡故，也是对儿童进行生命教育的合适时机。家中办丧事时一般比较忙乱，但无论多忙，也请关注一下孩子的情绪。孩子除对失去亲人有悲伤的情绪情感体会外，还会观察成人的情绪变化，心中有诸多的不解与疑问。此时，成人开诚布公地跟孩子谈论死亡的话题，他们会更认真地听，并有所感悟。

第三，社会上出现的和死亡相关的事件。有些跟死亡有关的事件是和生活息息相关的，如“交通事故”，成人需要跟孩子解释清楚这些事件，以帮助他们了解生命在有些情境中是脆弱的，让他们理解采取必要的措施，保护每个人的生命意义重大。此外，恰当的生命教育对于孩子在特定情境下，如痛失亲人时尤为重要。如果孩子理解了亲人去世意味着永久的分离，可能会产生强烈的悲伤情绪。此时需要成人的介入，帮助孩子懂得失去亲人是每个人都可能会遭遇的事情，要学会用合适的方法缅怀逝去的亲人。这样的认知和经验会帮助孩子更好地缓解悲伤的情绪。

4. 告知真实的信息

对一些离现实生活较远的人或动植物的死亡，我们往往能坦然对待，比较容易告知孩子真实的信息。但如果是家中亲人去世，特别是和孩子亲近的亲人去世，向孩子告知真实信息则需要更多的勇气。

首先，成人要避免“善意的谎言”，如对孩子说死亡的人是“睡着了”。这种说法可能会让孩子有不切实际的期待，觉得睡着了还有醒来的时候，从而对亲人的去世缺乏正常的情绪反应。他也可能让孩子误以为睡觉会导致永远醒不过来，对睡眠产生不必要的恐惧。

其次，告知孩子真实的信息包括两方面：一方面是死亡的生物特征，如死亡的人、动物或植物都没有了生命体征，不会像活着时能执行各种功能。而且死去是单向且永久性的，不存在起死回生。需要注意的是，跟孩子讲述时要注意方式方法。另一方面是死亡对生活的真实影响。了解生活中的变化会让孩子对未来的生活有合理预期，能帮助他们更好地过渡到失去亲人后的新生活中。

// 指导建议

孩子能够健康的成长是每一位家长的心愿，家庭中的方方面面都是对孩子进行教育的良好素材，只要家长能够掌握孩子成长的规律和教育的方法，一定能够让每一个孩子健康成长。

(1)祖父母应该加强对科学育儿的认识和学习，能够将家庭教育系统化地施加给孩子。

(2)每一种教育都非常重要，隔代教养要树立儿童“全面发展”的教育观念，从生理到心理、从学习到成长都要兼顾。

第六章　游戏

——百变游戏是儿童快乐成长的法宝

案例呈现

窗外雷雨交加，真真托着下巴望着窗外，噘着嘴对奶奶说："奶奶，雨啥时候停啊，真没意思，陪我玩会儿吧。"奶奶边淘米边说："我还得做饭呢，让爷爷陪你玩。"真真跑到爷爷面前，央求到："爷爷、爷爷，陪我玩会儿吧。"爷爷放下手中的报纸，说道："爷爷年纪大了，跑不动，你自己玩会儿吧，不行就看会儿电视啊。"真真正乐呵呵地看着电视，奶奶从厨房中端着菜出来，看到正在看电视的真真，就数落道："真真啊，你要不要眼睛了，再看眼睛就近视了。"奶奶顺手就把电视关了。真真看得正高兴呢，突然被奶奶关了电视，委屈地哇哇大哭起来："叫你们陪我玩，你们都不陪我，坏奶奶，我还没看完呢。"奶奶哄着真真说："乖孩子，不哭了，奶奶陪你玩。"可是玩什么呢？奶奶陷入了僵局……

真真渴望和家人玩耍，可做饭的奶奶和上班族的父母都无法陪伴孩子，爷爷为了让真真不闹人，选择了"哄娃神器"——电视来

陪伴，致使孩子看电视的行为让做完饭的奶奶看在了眼里，为了防止孩子过度沉迷于动画片，奶奶就把电视关了，这个举动一下子触及了孩子的内心，致使矛盾出现。奶奶为了抚平孩子的情绪，答应真真陪她玩耍，真正陪娃时，却遇到了玩什么的烦恼。

其实电视对孩子的伤害不只是眼睛，美国加州伯克利大学的实验跟踪研究表明，儿童 3 岁以前如果平均每天看电视超过一个小时，那么在未来上学后，注意力不集中的问题就会上升 10%；相反，如果家长能够运用有限的时间陪伴孩子游戏，那么孩子在专注力的问题上能够减少 30%。

游戏是儿童的天性使然，它伴随着儿童的成长，也蕴含着儿童成长的需要和内驱力。从儿童游戏的主动性、自发性特点的角度来看，诠释了为什么儿童天性好动，反映了儿童身体动作、平衡能力、肢体协调性等的发展需要。游戏与儿童的身心发展密不可分，游戏反映了儿童的身心发展，本章内容按儿童月龄来帮助正在隔代养育孙辈子女的家长，指导祖辈如何科学地做游戏，如何玩得更有意义，游戏的适龄性也巩固了儿童的身心发展，游戏是儿童身心发展的妙方。

第一节　不可或缺的游戏和玩具

玩具，是孩子们的最爱；游戏，是孩子们的语言。儿童认识世界，探索未知的辅助手段是游戏，就像植物的生长需要阳光和水，就像婴儿需要父母无条件的爱，它能促进孩子感知、认知能力的提高，有助于培养互助合作和奋发向上的精神。

一、游戏促进儿童健康情绪的发展

“人非草木，孰能无情”，孩子们畅游在游戏的海洋中，往往获得的是正面的、积极的情感和多种渠道宣泄不良情绪的途径。

（一）游戏与儿童积极的情绪体验

婴儿在出生时就具备了适应环境的各种基本能力，其情绪情感是以先天遗传为基础，在后天以人际交往为基础的社会生活中丰富起来的。孩子们在游戏的过程中获得轻松、愉悦、畅快自由的氛围，不仅对于以情感联系为纽带的各种社会关系的形成具有积极的建设性作用，而且对于儿童情绪情感发展的各个方面都具有重要且独特的作用。

美国心理学家辛格通过研究发现，经常玩假想游戏或者有假想伙伴的儿童，在游戏的过程中能够获得更多的微笑和愉悦感，坚持性和合作性较好，较少出现攻击行为，也较少出现愤怒和悲伤。如弗洛伊德的观点，游戏是受快乐原则支配的，在游戏中能够发展儿童的成就感，从而增强儿童的自信心与自尊心，所以游戏能够给儿童一种积极的情感体验。

作为儿童早期经验获得的重要内容，在游戏中获得各种积极情绪体验，对儿童成年后心理的健康有着重要的影响。

（二）游戏与儿童消极情绪的宣泄

积极的情绪情感可以提高活动效率，起到正向推动作用，使孩子产生内驱力，愿意尝试和学习，并且能够承受挫折和失败；消极的情绪会降低活动效率，甚至引发不良行为，起着反向推动作用，导致各种消极行为，如焦虑、紧张、恐惧、愤怒、妒忌等。如果消极情绪日积月累，长期压抑，会影响儿童的心理健康。

游戏是儿童自我选择、自我表达情感的媒介，在玩耍的过程中，孩子们自发地制定规则、遵守约定，在奔跑、跳跃、旋转等玩耍的过程中，会自然而然地发泄堆积的紧张、挫折、不安、攻击性、恐惧、困惑和烦躁等消极情绪。

从消极情绪的释放和缓解来说，游戏具有明显的情绪宣泄功能，可以修复“受伤的心灵”。

玩具可以提高儿童的积极情绪，但要注意以下几方面内容。

1. 提供的玩具要新颖、有趣

儿童一般喜欢色彩鲜艳、造型优美多变的玩具，所以尽量选择有安全标志的基础款玩具，如积木、雪花片等。引导和鼓励孩子通过拆装、组合、搭建、排序等方式将玩具玩出规律和挑战，给孩子提供一个变化无穷、新颖有趣的玩法，以发展孩子的积极情绪。

2. 提供的玩具要适龄

每个年龄阶段，儿童手指灵活度和思维能力不同，生活经验也是随年龄增长而逐步提升的，所以提供的玩具要适合孩子的年龄。年龄越小的孩子，越适合大颗粒、表面平滑无棱角的玩具，玩具拼搭难度随年龄递增。如拼图类玩具，从简单的“九宫格”拼图开始玩，慢慢提升至十几块、几十块、上百块……过难的玩具，孩子玩的过程中难以成功，会使孩子产生沮丧、受挫等消极情绪；而玩具玩法太容易，又会让孩子觉得没意思。较理想的玩具会使孩子产生挑战快感，有利于孩子产生激动、快乐、成功等积极情绪体验。

3. 尊重儿童的探索行为

孩子在玩玩具的过程中，总有这样或那样的玩耍方式，使得一些玩具在玩耍的过程中，被孩子拆卸或损坏。对于这样的情况，家长不必大惊小怪，不要横加指责，更不可打骂怒吼孩子，否则会使孩子产生委屈、压抑、恼怒等情绪。其实孩子拆卸玩具是在满足自己的好奇心和求知欲，孩子们在探索、在发现。积极支持、鼓励孩子，正确引导孩子对玩具进行拆装、组合、改造等，会使孩子提升幸福感，拥有积极情绪。

二、游戏促进儿童创造力的发展

创造力是人类特有的一种综合性本领。创造力是指产生新思想，发现和创造新事物的能力，它是成功完成某种创造性活动所必需的心理品质，它是知识、智力、能力及优良的个性品质等复杂多因素综合优化构成的。

游戏与儿童的动作、语言、认知、思维发展都有着紧密的联系。孩子通过游戏的方式，展现出了初步的创造力，他们在游戏的过程中，能够运用已有的生活经验，开展能动思维、发散思维来假设游戏场景，提出或描述出很多新颖独特的游戏内容，令人眼前一亮。心理学家把儿童的创造力描述为“回忆过去的经验，并对这些经验进行选择、重新组合，以加工成新的模式、新的思路或新的产品”的能力。游戏作为孩子的主导活动，是儿童创造力发展的源泉。

什么样的玩具能够帮助孩子发展动手能力、想象力和创造力？建构类玩具、开放性玩具可以做到这些。常见的、可购买的建构玩具，像乐高、磁力片、螺母积木、动力沙等；自制类玩具像大小各异的豆类、圆石、各类废旧瓶子及瓶盖、各类塑料夹和彩纸、废旧纸箱及彩笔……此类玩具兼容性较强，给孩子们提供一个开放、自由、宽松的环境，他们会在游戏的过程中想自己所想，抒自己所抒，完全融入游戏中去，达到真正自由的状态，更能创造出许多新奇的想法和新鲜感。

三、游戏促进儿童智力的发展

俗话说：“会玩的孩子聪明。”会玩，其实就是指游戏水平高；聪明，是指认知水平高。这也印证了游戏水平与发展水平保持一致。

1. 游戏是一种促进儿童思维活跃的活动

积极参与游戏的孩子，会构思游戏主题、情节、分派角色、制定规则，会不断进行思考，思维一直都处于一个活跃的状态。

2. 游戏是一种随机性强的活动

游戏过程中的不确定性经常给正在游戏的孩子带来始料不及

的问题,如球掉入水池、风筝被树枝缠绕……不断地发现问题并解决问题,升级游戏难度……孩子通过思维活动的内部操作经验,能有效地解决问题,在游戏中促进思维的发展。

英国皇家科学院研究发现,经常玩益智玩具的孩子大脑开放性思维能力较强,平均智商比常人高出 11 分左右。

四、游戏促进儿童社会交往能力的发展

儿童是充满好奇心的探索者,会主动积极地去学习和发展新的准则。然而,孩子的许多重要认知技能是在与父母、兄弟姐妹、老师以及更有能力的同伴的社会交往中逐渐发展出来的。适应社会,促进儿童的社会交往能力显得格外重要。孩子最初的社会交往方式是从模仿开始的:家长是孩子的第一任老师,同时又是孩子的主要模仿对象。家长的表率作用非常重要,例如带儿童出门游玩,家长的言谈举止、待客方式,以及与人交流的语气、表情内容,会印刻在儿童的潜意识中。当儿童在户外具备初步交流能力时,就会用眼神、语言、动作等表达自我需求。儿童建立初步社交能力需要家长为儿童提供去公共场所的机会,不要过分限制儿童的交往空间和交友需求。通过众多个案不难发现,游戏机会多的孩子社会适应能力和学习能力都强,缺乏游戏经验和玩伴少的孩子,性格孤僻、胆小怕事的较多。

五、游戏促进儿童运动能力的发展

儿童身体的生长发育、身体基本动作和技能的发展、身体协调能力的发展和身体适应能力的发展，是儿童健康发展、运动能力发展的基础。

（一）游戏促进儿童身体的生长发育

户外游戏活动对儿童身体生长发育效果显著。在户外，孩子接触到了开阔的视野、新鲜的空气、充足的阳光，游戏的过程能提高儿童神经系统和运动系统的生理功能。活动型游戏能促进儿童骨骼、肌肉系统的发育，可以使儿童身体各器官得到活动和锻炼，促进儿童大肌肉、小肌肉的运动，促进骨骼、关节的灵活性和协调性。

（二）游戏促进儿童动作的协调发展

运动协调能力是机体各部分活动在时间和空间里相互配合，合理有效地完成动作的能力，包括神经的协调、肌肉的协调和动作的协调。

儿童阶段是发展粗大肌肉基本动作协调能力的最佳时期，良好的动作协调能力是儿童今后学习更多复杂动作的基础，还能促进孩子神经系统和脑功能的完善。粗大肌肉运动是指有关全身大肌肉活动的动作，由大肌肉群胸肌、腹肌、背肌、腿肌、二头肌和三头肌等来完成，比如抬头、转头、俯撑，翻、爬、站、坐、走、跑、跳、钻、投、滚、撕、拉、扯、拽、扔、接、打、捶等动作。部分游戏也会给儿童提供动手的操作活动机会，促进孩子肌肉精细动作能力的发展。

第二节　适合不同年龄段儿童的游戏活动

案例呈现

九悦的出生，为家庭带来了无限的喜悦和希望。九悦的爸爸、妈妈非常重视这个幼小的生命，除了不远万里从家乡把父母接来协助照顾宝宝，还特意请来了月嫂帮忙。在喂养九悦吃饱拍完嗝后，月嫂还会用黑白卡片放在九悦面前游戏。起初年迈的父母并不接受年轻父母选择的方式，认为他们这一代养育了这么多子女，经验比月嫂丰富得多。随着时间的推移，九悦的爷爷、奶奶逐渐认识到，月嫂不但在婴儿喂养方面科学合理，而且在婴儿游戏方面经验丰富，对九悦的成长认知起到了良好的效果。月嫂工作期满离开后，九悦的爷爷、奶奶开始变得手忙脚乱，但是也慢慢学会了与婴儿的游戏互动，如在九悦睡醒时，会跟九悦碎碎语或用小玩具进行简单的视觉跟踪。九悦的奶奶感慨："我们也得随着时代的发展，跟进学习才行。"

一、适合 0~1 岁婴幼儿的游戏活动

经过十月怀胎，孩子终于降临到了这个世界，成为新的家庭成员。爷爷、奶奶、姥姥、姥爷、爸爸、妈妈都欢喜不已，除了让孩子及时补充营养，安安稳稳地睡觉，也期待和孩子的有效互动。

（一）适合新生儿的互动游戏

1. 摇摆小夜曲

【游戏目标】通过游戏可以给新生儿提供安全感，身体和头部晃动的感觉刺激，可促进新生儿的前庭感觉及感觉统合功能的发育。

【材料准备】棉柔包被。

【温馨提示】家长要注意，玩游戏的时候，需要在新生儿睡醒的安静状态下进行。

【游戏过程】家长用一只手托住新生儿的后脑勺，另一只手把新生儿托起抱在怀里。如果新生儿刚刚吃过奶，务必竖抱，轻声哼曲或柔声播放古典音乐，家长将身体轻轻地左右摇摆，让新生儿随家长身体的节律摇曳。

2. 认识五官

【游戏目标】通过游戏可以建立情感纽带，给新生儿提供交流机会，“激活”语言能力。

【材料准备】纱布巾、镜子。

【温馨提示】在新生儿睡醒情绪稳定的前提下；新生儿专注力时间特别短暂，不强求新生儿配合。

【游戏过程】和新生儿面对面，让新生儿能够仔细观察到家长的脸，并用和蔼的口气和新生儿交流，告诉新生儿脸部五官的名称，告诉新生儿大家都爱他（她）。使用小镜子，让新生儿看自己的脸、自己的表情，同时家长继续跟新生儿沟通交流，告诉新生儿他的名字叫什么、五官的名称分别是什么。

（二）适合 1 月龄儿童的互动游戏

1. 黑白配

【游戏目标】通过游戏提升儿童的视觉聚焦和视觉追踪能力，促进儿童的听觉和认知水平。

【材料准备】黑白卡。

【温馨提示】在光线充足的环境下，儿童精神状态良好时观看。

【游戏过程】将不同花型的黑白卡放置在距离儿童眼睛 30~45 厘米的地方，家长用语言逐一描述图片的内容，儿童眼睛盯在哪一张上，就说明用哪一张。由于 1 月龄儿童的专注力时间很短，一次专注时长 10 秒左右，所以家长让儿童看图时长一次不要超过 1 分钟。一天可让儿童看同一图片 5~10 次，儿童如果视线没有在图片上，也不可强求儿童观看。

2. 寻找声音

【游戏目标】通过游戏提升儿童的颈部力量和儿童的大肌肉运动能力。

【材料准备】摇铃。

【温馨提示】在光线充足的环境下，儿童精神状态良好时玩耍。此阶段的儿童还不能自主流畅抬头，只能本能地挣扎，使脸部转向一侧，到两个月时能稍稍抬起头和前胸，3 个月时头能抬得很稳。一般情况下，儿童抬头动作会从最初抬起头与床面呈 45 度开始到稳定地抬起至 90 度。

【游戏过程】让儿童俯卧在床上，将儿童的头转向一侧，臀部撅起，屈起膝盖。面对儿童微笑说话，鼓励儿童抬头找摇铃。

（三）适合2月龄儿童的互动游戏

1. 我在这里

【游戏目标】刺激儿童的视觉发育，提升视觉注意力。

【材料准备】镭射彩条，皮筋，筷子或可塑棒。

【温馨提示】每次只选一种颜色。

【游戏过程】让儿童仰卧在床上，情绪平和的时候。距离儿童眼前20~30厘米的地方，用皮筋将彩条绑在筷子上，缠成球状。家长手持筷子，让有彩条的那头朝上，从不同方向让彩球出现在儿童面前，同时说："宝宝，我在这里。"每次3~5分钟，每天2~3次，避免儿童视觉疲劳。

2. 滚滚对对碰

【游戏目标】通过触觉球的滚动，刺激儿童触觉神经的发展。

【材料准备】色彩艳丽、无异味的触觉球。

【温馨提示】如果儿童触觉比较敏感，表现出不适的表情，可隔着纱布巾或衣服来使用。使用前对触觉球进行消毒。

【游戏过程】将触觉球轻柔地放在儿童的手心，并向儿童描述触觉球的名称、颜色。如果儿童情绪较好，继续使用触觉球移动到儿童的手背，逐步顺时针转动，在全身使用。游戏过程中，家长需要观察儿童的情绪，调整力度。儿童有不适情绪，可以暂停。每次时长不要超过5分钟。

（四）适合3月龄儿童的互动游戏

1. 太阳升起和落下

【游戏目标】发展互动追视能力和侧翻能力。

【材料准备】红色软款按摩小球。

【温馨提示】小球移动速度不能太快。

【游戏过程】家长用一只手三指捏握红色软款按摩球，由儿童的一侧慢慢向另一侧画一个抛物线，并说：“宝宝，太阳从东方升起，从西边缓缓下落。”动作重复数次，如果儿童眼睛跟着红球看，并有想要侧翻的愿望，请鼓励儿童尝试。

2. 坐飞机

【游戏目标】通过游戏刺激儿童前庭觉发育。

【材料准备】舒缓的轻音乐。

【温馨提示】儿童清醒、状态良好时游戏；游戏过程中如有不适就暂停游戏。

【游戏过程】儿童趴着家长用双手托着儿童的腹部，抱起来，此时先不要走动，让儿童适应一下“飞机抱”的感觉，然后家长以圆圈的脚步走动；家长也可屈膝、站立交替，开始时动作尽量缓慢，给儿童适应时间后，可逐渐加快速度，让儿童感受方位、高低的变化。

（五）适合4月龄儿童的互动游戏

1. 荡秋千

【游戏目标】促进儿童前庭觉、视觉发育，增强儿童空间感和手眼协调能力。

【材料准备】毛巾被一条，盒装抽纸(盒内抽纸也可用露出一角的丝巾替代，如用丝巾需要准备多条，每次确保有一角露在盒子外侧，便于儿童抓握)。

【温馨提示】家长用毛巾被将趴卧的拎起儿童后要确保儿童能够看到周围环境。

【游戏过程】将趴卧在毛巾被中的儿童拎起，左右轻轻摇摆，幅度不宜过大，待儿童适应后，可将一盒抽纸放置于儿童左边手可触及的地方，每次摇摆至左侧，吸引他主动抽出一张纸巾，可练习婴儿抓握能力。

2. 掀盖头

【游戏目标】提升儿童抓握能力和感受空间变化。

【材料准备】干净的方形纱布巾一块。

【温馨提示】先让儿童获得抓握纱布巾的经验；在儿童精神好的时候进行。

【游戏过程】家长和儿童面对面，面带笑容和儿童打招呼后，将纱布巾轻柔盖在儿童脸上，待儿童自行抓开，家长鼓励儿童，重复数次。

（六）适合5月龄儿童的互动游戏

1. 撕彩条

【游戏目标】锻炼儿童精细动作和手眼协调能力。

【材料准备】色彩艳丽的条状便利贴。

【温馨提示】儿童靠坐在家长怀抱。

【游戏过程】将色泽艳丽的各色条状便利贴，不规则地贴在儿童可平视看见的墙上，家长将儿童面朝外侧，一手托孩子臀部，一手怀抱儿童，使儿童尝试用手将彩色便利贴撕下。刚开始游戏时，儿童不一定会，很多儿童会出现抓或拍的动作，不懂如何将彩条撕下。我们要耐心让儿童多练习，次数多了儿童就获得经验了。

2. 小脚踩踩

【游戏目标】锻炼儿童脚部触觉感知，提升认知能力。

【材料准备】一盆大米，一些棉花，老丝瓜瓤两个（也可使用形状大小各异的触摸球）。

【温馨提示】双手抓握儿童腋下，拎抱孩子，高度在脚能够踩踏材料的高度。

【游戏过程】将准备好的材料摆放在方便孩子踩踏的地垫上，抱着儿童用脚踩一踩，并告诉儿童踩踏的材料名称，感受不同材料的触觉体验，促进儿童脚部的感官发育。

（七）适合6月龄儿童的互动游戏

1. 摘果子

【游戏目标】锻炼儿童上肢力量和大运动能力。

【材料准备】宽胶带一卷，色彩鲜艳的海洋球6个。

【温馨提示】家长坐在儿童后面，在儿童坐立不稳时稍微辅助其保持平衡。

【游戏过程】把海洋球粘在宽胶带上，将胶带两头粘在儿童坐立视觉上方的位置，儿童独立坐在地垫或床上，引导儿童用手去逐一摘球。

2. 玩具躲猫猫

【游戏目标】锻炼儿童手眼协调和认知能力。

【材料准备】儿童喜欢的玩具数个，枕巾或不透明方巾一条。

【温馨提示】家长的示范很重要。

【游戏过程】将一个玩具在儿童面前盖入枕巾下方，问儿童玩具去哪里了呢？家长掀开枕巾，让儿童看到玩具，告诉儿童玩具原来在这里。再次将枕巾盖住玩具，问儿童玩具去哪里了，儿童获得经验后，就可以自己掀开枕巾了。

（八）适合7月龄儿童的互动游戏

1. 蜘蛛侠

【游戏目标】锻炼儿童全身力量和大运动能力，了解物体恒存道理。

【材料准备】地垫一块，小毯子一条，毛绒玩具一个。

【温馨提示】儿童情绪良好，有匍匐自我抓取玩具意愿为正确内驱力。

【游戏过程】儿童面朝地垫，用小毯子兜住儿童的腹部，家长双手抓握小毯子两头，在儿童视力范围的前方放置一个毛绒玩具或儿童喜欢的便于抓握的玩具，吸引儿童向前方爬。家长左右晃动小毯子，引导儿童用两只手协调向前匍匐前进，抓取玩具。

2. 采彩棒

【游戏目标】锻炼儿童精细动作，手指灵活性。

【材料准备】蒸锅的蒸屉一个，彩色吸管若干。

【温馨提示】如果儿童手容易滑脱,可以在彩色吸管上打个结。

【游戏过程】在蒸屉的小洞眼里插入不同颜色的吸管,让儿童每次抓取一根。如果家里没有吸管,也可以使用不同颜色的彩带。

(九)适合8月龄儿童的互动游戏

1. 翻山越岭

【游戏目标】锻炼儿童爬行、全身力量和大运动能力。

【材料准备】靠垫,枕头,毛巾被。

【温馨提示】避免儿童爬行过程中触碰家具尖角或其他硬物。

【游戏过程】在床或地垫上将靠垫、枕头、毛巾被等逐一摆开,引导儿童匍匐爬过这些障碍物,前面放上儿童喜欢的玩具,儿童完成任务务必言语鼓励儿童。

2. 拔拽夹子

【游戏目标】锻炼儿童小肌肉发育和手眼协调能力。

【材料准备】塑料小夹子一把,棉布巾一条。

【温馨提示】选择圆口或无锋利面的夹子。

【游戏过程】将小塑料夹夹到棉布巾上,或家长的衣服上,让儿童拉拽,锻炼儿童手部的力量,儿童每发现一个,成功拔拽掉夹子,给他说鼓励的话语,增加儿童的成就感。

(十)适合9月龄儿童的互动游戏

1. 小鼓手

【游戏目标】帮助儿童建立因果关系,体验不同音高带来的快乐。

【材料准备】瓷碗,金属盆,玻璃杯,玩具鼓,鼓槌。

【温馨提示】选取的材料确保儿童使用时的安全性。

【游戏过程】儿童坐在地垫上,用手抓握鼓槌,敲击家长准备好的瓷碗、金属盆、玻璃杯、玩具鼓等物品,儿童在敲击的过程中感受不同材质发出的声响。

2. 手撕包菜

【游戏目标】帮助儿童锻炼手眼协调能力,增强上肢力量,提高儿童解决问题的能力。

【材料准备】整颗洗干净的包菜,儿童餐椅。

【温馨提示】儿童撕扯菜叶过程中,如包菜掉落,重新清洗交还儿童就好,不要干扰儿童。

【游戏过程】将儿童抱入餐椅,将餐桌擦拭干净,取一整颗洗干净的包菜放在餐桌上。因为儿童一般都喜欢球状物,他们触碰包菜后,就会找到可以撕的叶片边缘,体验拽、撕、扯、抠的乐趣。在撕包菜的过程中,儿童不仅是胳膊和手用劲,大脑也会跟随思考如何才能撕扯下更多的叶片,寻找撕下叶片的办法。

(十一)适合10月龄儿童的互动游戏

1. 猜猜乐

【游戏目标】锻炼儿童观察力和专注力。

【材料准备】3个一次性纸杯,一块小积木(也可以是一颗核桃,一个栗子,一个红枣等)。

【温馨提示】材料不可选用透明杯子。

【游戏过程】儿童和家长面对面坐在地垫上，将 3 个一次性纸杯杯底朝上分别一字排开。家长逐一抓握纸杯，拿起，告诉儿童杯子里面是空的。将准备好的小积木拿出，在儿童视线范围内将积木放入其中一个杯子，扣放在儿童面前，儿童会好奇地翻开杯子，告知儿童积木。逐步增加游戏难度，家长将扣放的杯子拖动换位子，再次让儿童猜猜积木在哪个杯子里，儿童很喜欢这样的探索。

2. 捡宝贝

【游戏目标】锻炼儿童腿部肌肉力量、身体平衡能力。

【材料准备】沙锤或小球，橘子，带壳核桃等均可。

【温馨提示】使用的材料不能太沉。

【游戏过程】家长手握玩具在手扶沙发或床边的儿童展开，儿童伸手取物时，家长演出不小心掉落物品的情景，让儿童蹲下捡物，跟儿童玩蹲起游戏。当儿童成功捡到物品时，及时表扬儿童，认可儿童的行为。

（十二）适合 11 月龄儿童玩的互动游戏

1. 认识五官

【游戏目标】锻炼儿童手指精细动作，认知五官。

【材料准备】彩色便利贴或贴纸。

【温馨提示】选择黏性不太大的贴纸。

【游戏过程】家长坐在地垫或沙发上，确保自己脸部和儿童视线处于同一水平面上。家长指着自己的鼻子，慢速告知儿童："鼻子,这是鼻子。”然后将粘纸贴在自己的鼻子上,引导儿童将粘纸从家长鼻子上取下。儿童成功取下的话,务必及时鼓励儿童。用这样的办法,带儿童认知五官。

2. 滚球取物

【游戏目标】能够锻炼儿童前庭觉、本体觉和提高儿童的手眼协调能力。

【材料准备】一个大龙球,若干儿童喜欢的毛绒玩具。

【温馨提示】家长抓握紧儿童的胯骨。

【游戏过程】将毛绒玩具散落放置在大龙球前方半米位置,家长抱儿童面朝下俯卧趴在充满气的大龙球上,家长手扶儿童胯骨,扶紧儿童顺势滚动大龙球向前倾斜,儿童会随着惯性向前抓握玩具,待儿童取到玩具后,将龙球回复到原来的位置,可反复玩乐。

(十三)适合1岁儿童玩的互动游戏

1. 彩虹

【游戏目标】激发儿童好奇心,锻炼儿童大运动能力,感受色彩和空间变化,初步体验光影关系。

【材料准备】各色玻璃纸,双面胶,剪刀,有洞沥水框或垃圾桶,手电筒或手机。

【温馨提示】由于游戏在夜晚或暗房进行,关灯前给儿童足够的语言提示。

【游戏过程】家长将各色玻璃纸剪成宽条状,用双面胶围圈贴在有洞的沥水筐底部和侧壁。夜晚，引导儿童安静坐在地垫上，玩天黑看彩虹的游戏，关大灯后，可在远处开小夜灯。将手机手电功能开启或打开手电筒，将光打在筐上，变换远近距离，也可引导儿童扶沙发或围栏站稳后，鼓励其独立走向彩色光影处，自行操作。

2. 彩色吸管插插乐

【游戏目标】认知色彩、锻炼手眼协调能力、增强手腕力量。

【材料准备】多根纯色彩色吸管（三种以上颜色），空纸盒一个，彩笔一套，剪刀一把。

【温馨提示】家长用剪刀将彩色吸管剪成三段；吸管剪成平口。空纸盒剪出圆形适合吸管掉落的洞眼，用彩笔将吸管色彩对应的颜色在纸盒洞口涂色。

【游戏过程】家长手持吸管，告诉儿童吸管的颜色，每种颜色慢速面对儿童说三遍。然后将吸管从对应颜色的洞口插入纸盒中给儿童示范，然后散落吸管，引导儿童将彩色吸管插入纸盒。

爱的叮咛

1 岁前的儿童虽然年纪小，但处于大脑和情感发育的重要时期，家长除了要满足其物质上的需求外，最重要的是要与其建立起情感纽带，取得儿童的信任和依赖，这对儿童今后的身心发展都有积极深远的影响。

二、适合1~1.5岁儿童的游戏活动

1. 玩捞海洋球

【游戏目标】锻炼儿童手部精细动作和协调能力。

【材料准备】短柄大汤勺一把、彩色海洋球多个,一个蒸锅或一个纸盒。

【温馨提示】使用的纸盒不能太小。

【游戏过程】家长将纸盒里外擦拭干净,将海洋球倒入纸盒里,引导儿童抓握汤勺将海洋球逐一捞出。

2. 爬行垫隧道

【游戏目标】锻炼儿童四肢协调能力,提升儿童空间感、方位感。

【材料准备】爬行垫,海洋球一个,宝贝喜欢的玩具一个。

【温馨提示】家长在爬行垫隧道另一边鼓励。

【游戏过程】将爬行垫折成立体长方形空间隧道,家长引导儿童在隧道的一头,从洞口看向另一边,然后用海洋球从儿童这边滚落到隧道另一边,告诉儿童穿过这个隧道很好玩,要不要钻到另一边去取玩具,尝试一下吧。首次体验儿童容易在钻入中途有恐惧或迟疑,建议家长言语鼓励。

3. 堆叠高楼

【游戏目标】锻炼儿童专注力、空间感、身体平衡能力,了解因果关系。

【材料准备】带包装的无芯卫生纸6卷或相同大小空纸盒6个。

【温馨提示】使用的材料不能太沉。

【游戏过程】家长示范将无芯卫生纸卷逐一叠摞堆高，告诉儿童高高的，然后推倒，告诉儿童低低的。引导儿童进行叠摞卫生纸卷游戏，可多次重复。

4. 传球游戏

【游戏目标】锻炼儿童大肌肉力量、身体平衡能力、提高认知能力，感知距离远近变化。

【材料准备】大小不同的球。

【温馨提示】活动空间的安全性。

【游戏过程】家长和儿童面对面坐在距离较远的地方，家长手持两球对比，告诉儿童哪个球大，哪个球小，问儿童要大球还是小球，给儿童传出儿童想要的球，再将另一个球也传递给儿童，引导儿童模仿家长的样子来辨别大小，传递。

5. 小瓶小罐找朋友

【游戏目标】锻炼儿童观察能力和提高手眼协调能力。

【材料准备】大小形状材料不同的瓶子（有盖子可拧下的均可），如茶叶盒、一次性带盖泡面盒、一次性小料盒、废药瓶、用完的化妆品瓶子等。

【温馨提示】将所要使用的瓶子清洗干净。

【游戏过程】家长将各种质地的瓶子摆放在儿童面前，可以先跟儿童认一下瓶子的颜色、形状等，然后给儿童说，我们玩瓶盖精灵回家的游戏，瓶身就是瓶盖精灵的家，每个精灵只有一个家，引导儿童观察家长的示范：家长一手持瓶子，一手拿瓶子配套的瓶盖，只读："这是小精灵的家（瓶身），这是瓶盖精灵，我们送这位瓶盖精灵回家。"家长将配套瓶盖拧到瓶子上，并告诉儿童："太好了，小精灵回家了，你能帮几位精灵回家呢，我们来试试吧。"

6. 踩踩乐

【游戏目标】锻炼儿童本体觉、触觉感知、提高语言能力和平衡能力。

【材料准备】地垫一块，长条搓澡巾一条，长丝巾一条，丝瓜瓤一根，气泡膜一块，毛衣一件，棉花一捧，带皮花生一捧。

【温馨提示】家长注意儿童踩踏时保护儿童安全。

【游戏过程】将准备的材料逐一按长条状整齐铺于地垫上，引导儿童尝试踩踏，家长可在儿童踩踏时加入形容词来描绘儿童的触觉感受。

三、适合 1.5~2 岁儿童的游戏活动

1. 定点投接物

【游戏目标】锻炼儿童手臂力量，增强儿童专注力、平衡感和手眼协调能力。

【材料准备】一个大纸箱或置物篓，方形触觉垫一块或固定好的方形气泡膜，若干毛绒玩具。

【温馨提示】毛绒玩具不能有硬物装饰。

【游戏过程】将方形触觉垫放在家中安全空旷地方，儿童站立在上面，在儿童面前 1.5~2 米位置放置一个大纸箱，引导儿童先接家长抛出的毛绒玩具，儿童接住要及时表扬，然后将毛绒玩具投掷入纸箱，完成一轮挑战。

2. 独木桥运物

【游戏目标】满足儿童好奇心，增强儿童倾听能力、专注力、平衡感和手眼协调能力。

【材料准备】地垫，若干毛绒玩具，小毛巾或小方巾数条，靠枕多个，玩具筐一个。

【温馨提示】游戏空间空旷、安全；小方巾放置头上时，不能遮眼或遮挡儿童视野。

【游戏过程】在地垫上，家长将盛有毛绒玩具的玩具筐放在儿童即将走过的独木桥尽头，给儿童规定好所行走的路线，家长将小方巾盖在头上，双臂伸直示范如何跨越行走过独木桥，行走到独木桥尽头，将小毛巾取下，抓一毛绒玩具沿原路返回，儿童玩耍熟练后，可在此路线上散落放置两块地垫，增加行走挑战难度。

3. 抢车位

【游戏目标】促进儿童认知能力、专注力，提升儿童智力发育。

【材料准备】一张白色卡纸，水彩笔，若干玩具车。

【温馨提示】玩具车大小不同，绘制的车位务必适合所有车辆停放；医院标志可绘制红十字、图书馆标志可绘制简笔画书本、音乐厅标志可绘制音符或高音谱号。

【游戏过程】家长在白色卡纸上画出道路，并在道路两边画出简笔画医院、图书馆、音乐厅、球场、两个家（房子）等。家长跟儿童玩驾车出行去看病、听音乐、踢球等游戏，家长和儿童住不同的家，拥有不同的车辆，看去同一目的地，谁停车停得离目的地最近、最规矩。

4. 小小侦探

【游戏目标】锻炼儿童观察能力和判断力，培养儿童记忆力和专注力。

【材料准备】儿童喜欢的3~5个玩具。

【温馨提示】挑选拿捏不会发出声音的玩具。

【游戏过程】将儿童喜欢的这几个玩具逐一排成“一”字形，放在儿童面前，引导儿童看清楚玩具的位置。然后要求儿童闭紧双眼，家长迅速将其中一个玩具藏起来，再给儿童睁眼提示语，问儿童哪个玩具没有了。

5. 百宝袋

【游戏目标】锻炼儿童触觉敏感度，提升儿童判断力，满足儿童探索欲望。

【材料准备】小冰袋一个，小袋装橡皮泥一块，便携暖手宝一个，乒乓球一个，石头一块，丝瓜瓤一块，不透明的购物袋一个。

【温馨提示】购物袋尽量是棉布质地的，触碰没有声音。

【游戏过程】家长向儿童逐一展示材料，引导儿童摸一摸，感受一下什么是热、什么是凉、什么是轻、什么是重、什么是粗糙、什么是光滑。家长在儿童面前将材料逐一放入袋子，并引导儿童根据家长要求，摸取要求的物品，要求儿童不能用眼睛看着袋内掏取。家长提示语例如：儿童，请从袋子中摸取一个热乎乎的物品。

6. 小小艺术家

【游戏目标】锻炼儿童手部小肌肉发育，提升儿童色彩感知力和审美能力。

【材料准备】气泡膜一卷，双面胶一卷，各色手指画颜料，白纸一张，黑色勾线笔一支。

【温馨提示】家长可带儿童先在小区里观察树木，了解树木叶子颜色，树干颜色及果子长在哪里等；家长在白纸上用勾线笔画出大大的树冠和树干，以及果子；气泡膜裁剪成纸张大小，双面胶粘在气泡膜光面边角，双面胶另一面勿撕备用；不管儿童挑选哪三种颜色，都请家长尊重儿童的选择。

【游戏过程】儿童和家长面对面坐在桌旁，家长将画有简笔画的白纸拿到儿童面前，尝试让儿童认一认，将各色颜料逐一摆在儿童面前，让儿童挑选三种颜色的颜料来装饰大树，家长可帮儿童拧开颜料盖，将颜料挤在大树不同位置。家长取出气泡膜并将粘有双面胶的白条撕开一角，引导儿童全部撕下，家长帮儿童将白纸和气泡膜沿边粘牢，让儿童可以点触气泡膜，观察颜料如何通过儿童自己的点触或拍击变大变广。

四、适合 2~3 岁儿童的游戏活动

1. 鳄鱼咬不住

【游戏目标】锻炼儿童腿部肌肉力量、促进儿童专注力和应激反应能力。

【材料准备】地垫。

【温馨提示】家长拉住儿童双手,助力平衡。

【游戏过程】家长坐姿、儿童站姿面对面,家长双腿伸直,儿童跨立在家长两腿旁,家长双腿开合的动作当鳄鱼的嘴巴,儿童通过跳跃,躲避“鳄鱼嘴巴咬住”。玩耍过程中,家长要给儿童提示语:“鳄鱼鳄鱼水中游,鳄鱼张开大嘴巴”或“鳄鱼鳄鱼水中游,鳄鱼回家睡觉啦”。在“巴”字出现时,儿童是并拢双腿站立在家长两腿中间的;在“啦”字出现时,儿童是双脚跨立于家长腿两侧,家长双腿是并拢伸直的。待儿童清楚游戏规则后,就可以互动玩耍了。

2. 送玩具回家

【游戏目标】锻炼儿童平衡能力、促进儿童身体协调性、稳定性,专注力和团队合作意识。

【材料准备】毛绒玩具多个,一个玩具收纳筐。

【温馨提示】运送玩具前,提示儿童看清运送路线。

【游戏过程】家长和儿童面对面,将毛绒玩具夹在两人头部,一同行走运送玩具至玩具筐内。在玩耍的过程中,只有从起点处起步前可以用手将玩具拿起使两人合力顶在额头。开始行走时直到

运送完成，家长和儿童的双手不能再触碰玩具。

3. 躲避小球

【游戏目标】锻炼儿童跳跃能力、促进儿童协调性、稳定性，提高应激反应能力和腿部肌肉力量。

【材料准备】海洋球多个。

【温馨提示】在空旷的地垫上进行，避免儿童因反应不及时造成危险；家长滚动小球的数量需由少至多，速度由慢逐渐变快。

【游戏过程】儿童站立于地垫中央位置，家长将海洋球从 1 米外的地方向儿童站立处滚动，儿童必须通过跳跃或跑动躲避滚来的小球，小球触碰到儿童，儿童就算输。

4. 吸管迷宫

【游戏目标】锻炼儿童观察力、逻辑思维和空间思维能力，提升儿童专注力。

【材料准备】胶枪，一张长方形纯色纸板，五根不同色吸管，纯色毛线一根，剪刀一把。

【温馨提示】家长可用彩笔绘制不同图卡，引导儿童根据图卡穿成指定图案。

【游戏过程】家长用剪刀将五色吸管剪成一指节长短的小段；使用胶枪将各色吸管按颜色纵列在纸板纯色面粘成五横行五纵行，使得每个吸管小段间的宽相等。家长将准备好的吸管纸板拿给儿童，毛线一头放入儿童手中，引导儿童尝试将毛线穿入不同吸管，来呈现不同造型。

5. 跳圈过河

【游戏目标】锻炼儿童腿部肌肉力量、平衡感和身体协调性。

【材料准备】呼啦圈或感统圈4个。

【温馨提示】舒服的鞋和空旷的场地。

【游戏过程】家长和儿童同排站成"一"字形,一人拿两个呼啦圈,家长引导儿童将手中其中一个呼啦圈放置在自己面前,然后两人分别跳进自己前方的呼啦圈内,儿童如果模仿正确,及时肯定鼓励;接下来,引导儿童将手里的另一个呼啦圈像刚才那样放在前方,再次蹦入;当此轮任务完成后,家长摊开双手,让儿童看,手里已经空空荡荡,没有呼啦圈了,这可怎么办,我们还没到河对岸。如果儿童没有思考出好办法,请家长示范,将身后的呼啦圈移到自己前方,继续前行,如果儿童经过思考做到了或想出来了其他办法,要带儿童进行尝试,尝试后得出结论。

6. 送豆子回家

【游戏目标】锻炼儿童专注力、手部控制力和手指精细动作。

【材料准备】一个广口纸盒,三个空瓶子,三种颜色不同且大小不一的豆子(如红豆、黄豆、绿豆)。

【温馨提示】全程需要家长陪伴,避免儿童将小豆塞入鼻腔或耳道。

【游戏过程】家长将装有红豆、黄豆、绿豆的纸盒拿到儿童面前,引导儿童认知三种豆子,并示范如何分类送三种豆子去不同的瓶中,注意强调三指捏豆的方法,每次运送一颗豆子回家。

五、适合3~4岁儿童的游戏活动

1. 指令游戏

【游戏目标】锻炼儿童专注力、执行力和反应能力，促进儿童提升认知经验。

【材料准备】多样蔬菜或水果各一个。

【温馨提示】如果使用的有桃子或榴莲等水果，注意避免儿童受到伤害。

【游戏过程】家长和儿童面对面坐姿，面前留1米左右距离，放置几种儿童熟悉的水果或随着游戏内容升级加入儿童不熟悉的水果，如果有儿童叫不出名字的水果，先让儿童熟悉此水果名称，然后开始玩简单版拍手游戏，口令为"拍手、拍手、拍拍手"。家长速度说出两人面前的其中一种水果名称，看儿童是否可以依据指令取出，如果可以做到，就开启交替说指令模式，家长说一次，儿童取物；儿童说一次，家长取物。如果此游戏比较熟悉了，可以将游戏递进至模式三：加入身体各部位名称，说指令的人可以说任何一个地上摆放的水果名称，也可说出任何一处身体部位名称，看谁取或摸得又快又准。例如家长说指令："拍手、拍手、拍拍手，摸右脚、摸肚子、山竹。"儿童逐一正确触摸身体部位后，将山竹取走。

2. 支点取物

【游戏目标】锻炼儿童手臂力量、提升身体协调稳定性及手眼协调能力。

【材料准备】地垫一块,毛绒玩具多个,一个玩具收纳筐。

【温馨提示】家长务必抓紧儿童手腕,不要拉手;玩具和玩具筐分别放在家长左右前方,孩子可以抓握够着的地方。

【游戏过程】家长双脚并拢站在地垫上,儿童双脚踩于家长双脚上,家长抓握紧儿童非惯用手腕,使儿童身体呈倾斜可旋转状态,核心力量源于脚部支点,引导儿童将毛绒玩具从自己身后抓起旋转放入玩具筐内。

3. 飞速接物

【游戏目标】锻炼儿童手眼协调能力,提升儿童认知能力、应激反应力和专注力。

【材料准备】多色卡纸或家中精美卡片(婴儿时期使用过的布书、黑白卡、认知卡等均可)。

【温馨提示】卡纸或卡片用剪刀修剪成圆角。

【游戏过程】家长手持一张卡纸,五指张开将卡纸顶在家中一面墙上,高度与肩同高。儿童站在卡纸下方,此时引导儿童观察卡纸,家长在儿童开始观看卡纸时,松开顶住卡纸的手掌,卡纸掉落;再次观看,请儿童尝试接住掉落的卡纸,像大人一样使用手掌顶住卡纸,让其不再掉落;儿童了解游戏细节后,可以加快加量玩此游戏。

4. 音阶木头人

【游戏目标】锻炼儿童前庭觉,提升儿童绝对音高感、提升反应能力。

【材料准备】彩虹八音琴或下载钢琴键盘 APP。

【温馨提示】如果家长音准不好，可以使用钢琴键盘 APP 辅助唱音，键盘最中间双黑键前面的白键为 do 音，向右侧每移动一个白键（黑键勿弹），音变高一次，弹奏出 C 大调音阶。

【游戏过程】家长与儿童面对面坐姿，家长一只手握拳大拇指伸出，唱 do 音，另一只手抓握伸出的大拇指唱 re 音，引导儿童像家长示范的那样抓握家长伸出的拇指唱 mi 音，家长将自己最下方的手抽出，去高处抓握儿童拇指唱 fa 音，以此类推，熟悉音阶 do、re、mi、fa、sol、la、si 。在高音 do 出现时，家长示范如何将自己伸出拇指的手向下扭转，使伸开的拇指倒置，其余四指依然握紧，唱 si 音时，家长示范用另一只手小指在上倒置抓握以伸开拇指的手，尝试让儿童抓握家长拇指唱 so，以此类推学会后，可让儿童每升高或降低一个音前都先转一圈伸手唱音。

5. 桌面小球

【游戏目标】锻炼儿童肺活量、应激反应力，促进儿童专注力。

【材料准备】两个乒乓球，两根奶茶吸管，一支勾线笔。

【温馨提示】避免桌面过高；将吸管尖头剪掉。

【游戏过程】在乒乓球上用勾线笔写 1 号、2 号后放在桌上，家长和儿童通过用嘴吹出气流使小球滚动，尝试通过直接吹对方小球，或通过吹自己小球将对方的乒乓球碰撞落地，如果桌面太宽，小球停的位置不适合直接吹动，还可以使用吸管或纸筒使气流更集中。

6. 随乐扣章

【游戏目标】锻炼儿童认知能力、反应能力、专注力及提升审美情趣。

【材料准备】音乐播放器，歌曲《我是一朵小花》，一整颗上海青，切菜刀，两片小树叶，红色颜料，绿色颜料，两个颜料盘，A3 白纸一张，勾线笔一支，牛皮纸或其他花纹包装纸一张。

【温馨提示】在音乐的节拍点上沾颜料。

【游戏过程】家长和儿童面对面坐在桌边，跟随音乐《我是一朵小花》节奏，拍手、互击掌交替游戏，熟悉歌曲；将整颗上海青和树叶清洗干净，用刀将上海青茎部粗壮的地方拦腰切断，引导儿童将红色颜料和绿色颜料分别挤在颜料盘中，一手抓握上海青根部，一手捏树叶，随音乐节拍蘸一下颜料，在白纸上盖个章，红色的上海青茎盖成了朵朵玫瑰花，树叶蘸取绿色颜料随音乐盖在花朵下方各处，音乐结束后引导儿童用勾线笔画直线当枝。最后家长帮忙用牛皮纸或其他花纹包装纸剪出花瓶样子，引导儿童粘贴在花朵枝叶下方。

六、适合 4~5 岁儿童的游戏活动

1. 对对脚踏车

【游戏目标】锻炼儿童腿部肌肉力量，身体协调能力，提高专注力。

【材料准备】地垫。

【温馨提示】家长和儿童均穿袜子游戏。

【游戏过程】家长和儿童面对面坐在地垫上，家长和儿童身体都向后倾，双手手掌撑住地面，家长和儿童双脚对立弯曲，交替伸缩，像蹬自行车一样。

2. 急速大吊车

【游戏目标】锻炼儿童大肌肉力量，提升动作敏捷度和触觉感知。

【材料准备】地垫，毛绒玩具多个，玩具筐一个，秒表。

【温馨提示】不要选择有绳子或其他硬物装饰的玩具。

【游戏过程】儿童屈膝面朝上坐在地垫上，双手支撑地面，引导儿童用双脚将自己左侧散落的毛绒玩具逐一用双脚夹住，侧身加至身体右侧的玩具筐内，一旦双脚夹住玩具，玩具在落入筐内前不能再触碰地面。儿童尝试动作，并了解游戏规则后，可和家长比赛。

3. 跳跃运球快乐多

【游戏目标】锻炼儿童身体协调能力、逻辑思维能力，提升专注力。

【材料准备】两个空鞋盒，一个小号呼啦圈，海洋球多个。

【温馨提示】鞋盒放置在呼啦圈两侧，三样物品纵向排列，儿童面朝有海洋球的鞋盒站立。

【游戏过程】呼啦圈两侧一边放置一个鞋盒，将海洋球倒入其中的一个空鞋盒，儿童一只脚踩在呼啦圈里，另一只脚踩在呼啦圈外的地板上，引导儿童从有海洋球的鞋盒中取一个球拿在手上，原地旋转跳跃后，将海洋球放入另一个空鞋盒中，直到运完。

4. 对应

【游戏目标】锻炼儿童观察能力、视觉专注力，提升儿童空间感知与几何建构能力。

【材料准备】水彩笔一套，A4 纸一张，A4 透明抽杆文件夹一个，湿巾一包。

【温馨提示】A4 纸对折后展开，沿纸张中线的折痕绘制出一条黑线，将纸放入透明抽杆文件夹内，插入抽杆，使 A4 纸正反面均在透明膜内。

【游戏过程】家长坐儿童左侧（右侧）和儿童同侧坐一排，将准备好的带有透明膜的 A4 纸放在两人中间，家长使用两种以上颜色彩色笔沿中线靠左区域绘制三角、四边、半圆弧线等，引导儿童观察后，使用同样的颜色，在右边对应位置，绘画出同样的线条将图案补充完整。

5. 毛毛虫换新装

【游戏目标】锻炼儿童逻辑思维能力，提高幼儿观察能力。

【材料准备】A3 纸一张，蜡笔一套，勾线笔一支。

【温馨提示】部分儿童无法规整的将圆圈内涂满颜色，或容易将颜色涂出圆圈，属于此年龄阶段的正常现象，引导为主就好。

【游戏过程】将 A3 纸横向摆放在桌上，家长在 A3 纸左边纵向分别绘制三个圆圈作为毛毛虫脸，在每个毛毛虫脸后面画至少 15

个空心圆圈。第一条毛毛虫点为绿色红色红色、绿色红色红色；第二条毛毛虫点为蓝色红色、蓝色红色；第三条毛毛虫点为黄色红色蓝色、黄色红色蓝色。家长将绘制好的图放在儿童面前，引导儿童找出规律，让毛毛虫能够穿上正确的花衣裳。

6. 平衡小球

【游戏目标】锻炼儿童团队合作意识，促进儿童手部控制能力，手眼协调能力。

【材料准备】奶茶吸管两根，剪刀一把，乒乓球一个，毛绒玩具4~5个，地垫一块。

【温馨提示】奶茶吸管的尖头需要用剪刀剪掉。

【游戏过程】家长和儿童面对面站立，两人双手分别握着两根吸管的两头，将乒乓球放置在两吸管中间，两人协作不能让乒乓球掉落的情况下，向前或向后行进。熟练后，在两人行进的路上设置障碍（毛绒玩具），在跨立障碍的同时，保护乒乓球不落下。

七、适合5~6岁儿童的游戏活动

1. 小兔过河

【游戏目标】锻炼儿童四肢肌肉力量，提升身体协调力和空间感知能力。

【材料准备】沙包、毛绒玩具。

【温馨提示】儿童行进路线上不能出现任何障碍物或高家具，避免磕碰。

【游戏过程】儿童坐在地垫上，将毛绒玩具放在自己肚子上，身体向后倾，双手支撑身体，屁股离地，四肢向儿童头顶方向前行，确保毛绒玩具中途不掉落。家长在终点取下玩具，将其他玩具放在起点处，引导儿童学小兔蹦回起点，运送其他玩具过河。

2. 打乒乓球

【游戏目标】锻炼儿童反应能力，提高儿童手眼协调能力。

【材料准备】一根针，一条长线，一个乒乓球，一对乒乓球拍或两片硬纸板，透明胶带。

【温馨提示】粘贴乒乓球的位置务必是家里比较宽敞的地方，防止儿童娱乐中动作幅度大而碰撞。

【游戏过程】家长用穿好长线的针扎透乒乓球，并在乒乓球底部打结；使用透明胶将带有长线的乒乓球另一端粘在家里房梁或比较宽敞地方的屋顶。家长和儿童可以安心对打乒乓球也不怕小球掉落在沙发或柜子下面不好取了。

3. 调皮的袋鼠

【游戏目标】锻炼儿童肢力量、跳跃动作的协调性，增强儿童耐力、平衡感和弹跳力。

【材料准备】8~10 盒牛奶或小瓶矿泉水。

【温馨提示】尽量不使用碳酸饮料瓶。

【游戏过程】将矿泉水瓶逐一纵向间隔半米距离竖放在地板上，引导儿童站立在矿泉水瓶队列的内侧，身体重心向右侧，左脚抬起，单脚向前跳跃，跳至距离自己最近的水瓶时，用悬空的左脚轻轻逐一碰倒矿泉水瓶，直至前方所有水瓶被碰倒；返回时，换另一只脚单脚跳跃，并在途径矿泉水瓶时，逐一将倒置的矿泉水瓶扶起来，跳跃过程和扶矿泉水瓶时，悬空脚均不可着地，直至返回起点。

4. 天黑请闭眼

【游戏目标】锻炼儿童记忆力，提升儿童数感启蒙。

【材料准备】10 张 A4 白纸，勾线笔一支，其中的 9 张白纸需要逐一写好数字 1~9。

【温馨提示】游戏难度循序渐进。

【游戏过程】引导儿童按数字大小顺序三个数为一行，排列整齐；当家长说出口令“天黑请闭眼”时，儿童紧闭双眼，家长用手中剩余白纸将其中一个数字盖住，家长说出口令“天亮了”，儿童睁开双眼，家长问“谁还在睡懒觉?”让儿童说出少了数字几。游戏熟练后，可将九宫格打乱顺序，或限时回答等，逐渐提升游戏难度系数。

5. 五只鲨鱼找朋友

【游戏目标】锻炼儿童手指灵活度，提升音乐节奏感知力。

【材料准备】音乐播放器，歌曲《五只鲨鱼找朋友》。

【温馨提示】家长需提前学会部分律动动作，儿童有“石头、剪刀、布”游戏经验；无经验儿童须先用提示语“看见一只大鲨”的歌词替换成语言，家长强调“石头剪刀布”，在“鱼”字时，重音说“锤”，儿童拥有经验后，提示语不再出现。

【律动内容】第一乐句家长用单手造型逐一将五根手指随乐伸出，“五只”（双手伸出，手掌向外），“鲨鱼”（双手各手指关节弯曲），

"找朋友"(按节奏 XX X 和儿童击掌);第二乐句:"大海里游呀游"(双手合十,指尖向外,左右扭动手腕),"看见一只大鲨"(双手握拳上下转圈绕线一样),"鱼"字时,儿童和家长随机出石头、剪刀或布。

【游戏过程】家长和儿童面对面站立;第一遍儿童只看家长示范,自己不做动作;第二次播放音乐,引导儿童一起律动,在石头剪刀布乐句加入提示语。

6. 切土豆

【游戏目标】锻炼儿童手指灵活度,提升儿童节奏感和应激反应能力。

【温馨提示】土豆、丝儿、皮儿均有专属动作,动作转换速度由慢到快,循序渐进。

【游戏过程】家长边念诵儿歌,边示范:"土豆,土豆(双手握拳敲腿两次),丝儿,丝儿(双手手心向外,小指伸直,其他手指握拢);土豆,土豆(同上握拳),皮儿,皮儿(双手手心向内,大拇指伸直,其他手指握拢);土豆丝儿,土豆皮儿,土豆丝儿土豆皮儿。"

// 指导建议

家庭是儿童成长的第一课堂,良好的家庭教育环境、生活习惯对儿童身心的健康成长至关重要。亲子互动、亲子游戏能够增进亲子关系,提升儿童的认知发展,开发儿童的内在潜能,建立儿童的安全感,使儿童获得快乐,促进儿童的健康成长。不同月龄和年龄的儿童,游戏的过程和方式方法也是不同的,符合儿童生长规律、身心发展特点的游戏,是儿童实现自我价值的最佳载体。

第三节　常见物品的创意玩法

案例呈现

“奶奶,我今天很不开心。”真真噘着嘴,低着头,抠着自己衣服上的纽扣。奶奶边织毛衣边问:“这是谁欺负我们真真了?告诉奶奶,让奶奶帮帮真真。”“我今天去妙妙家玩,妙妙妈妈给她买了一套很有趣的科学实验盒,妙妙妈妈带我们一起玩了一组实验,很有趣,我想让妈妈给我买,妈妈不同意,说我看见人家玩啥都想要,玩两天就不玩了。奶奶,您知道吗?那实验盒里东西可多了,我真的想要,奶奶,您给我买一套吧。”

这样的案例在很多孩子身上都发生过,无论是在家里,还是在商场,总能看到儿童不顾家人反对,自己拿着喜欢的玩具就不放,非要让家长买,不买就躺地上打滚,哭喊吵闹。

有智慧的父母,往往能够成功转移儿童注意力,有策略的领走孩子;有的父母可能直接打骂孩子,粗暴地拖走孩子,任其继续哭闹;还有一些父母就在原地等待孩子,任其哭闹,等孩子哭累了,再领走孩子……不同家庭出生的孩子,教育方式千差万别,孩子喜欢跟风或攀比的话该怎么办呢?

首先,孩子的攀比行为多源于周围环境的影响。当孩子进入社交敏感期,开始逐渐寻求社会认可和自我价值感的时候,物品比较等行为带来的反馈会加重孩子的攀比心。处于学龄前的儿童物品价值观念还未建立，他们意识不到这样的购买是否合理，对孩子来说，他们更关注于家长会不会满足他们的要求，其实质是价值认识不足。由于孩子缺乏自我价值感的来源，所以他们会通过自己理解的方式使自己变得比别人强，寻求获得同龄人的认同。家长应关注孩子的心灵，给予孩子充分发展的空间，探索自我的兴趣，并肯定、赞美孩子的努力，从而使孩子认识到友谊不是靠攀比建立的。

其次，孩子出现攀比行为的根本原因不仅是一种恶性竞争的行为，还在于孩子没有在自己的社会交往或生活环境中发现自己真正感兴趣的事，尚未形成内心的秩序感。如果家长一味地满足孩子一时的物质要求，过分充足的玩具不仅不会提升孩子生活经验的积累，反而会阻碍孩子对内在驱动力的感知。孩子心智发展得不到充分营养，只能通过寻求物质填补空洞。

最后，要激发孩子的好奇心，发掘孩子真正的兴趣点，用日常生活中的常见物品玩出新意，鼓励孩子参与尝试，在体验过后，结合玩耍过程中的表现，发自内心地对孩子进行赞美、鼓励，并将孩子融入的智慧用语言描述出来，把评价的目光从外在转回孩子自身，让孩子获得真正价值感的来源，提升孩子内驱力，使孩子乐于生活，爱自然，积极主动地发展自己的核心能力。

生活中有太多物品适合儿童探究，即便此时我们带着儿童坐在公交车上，没有适合的物料、场地供儿童玩耍，我们用双手，也可以促进儿童左右脑开发，提升双手协调性。

一、手指游戏的创意玩法

【游戏目标】锻炼儿童双手协调性，促进双手灵活度。

【温馨提示】逐渐提高游戏难度系数。

1. 小白兔说“OK”

左手伸出剪刀手，口说“小白兔”，右手拇指和食指捏住，其他三指张开，口说“OK”。动作慢一点，让儿童看清楚，然后反过来，左手做“OK”手形，右手做“小白兔”手形。来回互换动作，逐渐加快速度，家长也可以和儿童一起挑战。

2. 一个好汉三个帮

左手握拳大拇指伸直，口说“一个好汉”，右手拇指和食指捏住，其他三指张开，口说“三个帮”。动作慢一点，然后反过来，右手做“一个好汉”，左手做“三个帮”，熟练后互换动作，逐渐加快速度，引导儿童尝试完成挑战。

3. 孔雀和牛

左手握拳大拇指和小指同时伸直，口说“牛牛”，右手拇指和食指捏住，其他三指张开，口说“孔雀”。动作慢一点，然后反过来，右手做“孔雀”，左手做“牛”，也可加入顺口溜：“牛牛，孔雀牛，孔雀孔雀，牛牛牛”。熟练后同时互换动作，逐渐加快速度，引导儿童尝试完成挑战。

4. 小蜜蜂

家长和儿童面对面，玩拍手游戏，口念顺口溜：“两只小蜜（独自拍手）蜂呀（和对方击右掌），飞在花丛（独自拍手）中呀（和对方击左掌），左飞飞，右飞飞（两人均将双手放在身体两侧，手心朝下模仿飞行动作），飞呀（两人玩石头、剪刀、布），啊啊（谁赢了，刮对方鼻子两次；两人出的手形一样时，两人说哈哈），飞呀飞，飞回蜂巢（飞行动作）找妈妈（各自双手手心向内交叉胸前）。”

上述游戏对于父母来说，有的可能需要练习一下，才能完成挑战。隔代教养过程中可以与儿童进行探究的素材和内容丰富多彩，不需要采买高大上的玩具，祖辈依然可以陪孩子玩出花样，玩出智慧，玩出新意，玩出乐趣。

二、自然物的创意玩法

（一）树叶的玩法

在小区里搜集各种各样的树叶，游戏中均需要使用树叶，材料准备中不再提示。

1. 树叶拓印

【游戏目标】锻炼儿童色彩搭配，提升儿童审美能力和视觉敏锐度。

【材料准备】各色颜料，颜料盘，毛笔一只，多张纸巾或白纸。

【游戏过程】在树叶不同位置涂抹各色颜料，将涂抹好颜料的树叶印在纸的不同部位，树叶的纹路和线条都能清晰可见。

2. 光与影

【游戏目标】锻炼儿童色彩搭配，提升儿童观察能力和想象力。

【材料准备】透明胶带，白纸，各色蜡笔，废旧纸板。

【游戏过程】用透明胶带将不同形状的树叶根部粘贴在纸板的一个水平边缘上，将纸板贴在家中阳光能够照到的某位置，引导儿童用不同颜色蜡笔涂出各种树叶的影子；或将纸板固定在家中某处，使用手机光源或手电筒，让儿童感受光影距离变化。

3. 动物贴画

【游戏目标】锻炼儿童形状、颜色搭配，提升儿童观察能力和认知能力。

【材料准备】双面胶带，白纸，勾线笔，幼儿认知的相关动物（经验准备）。

【游戏过程】家长手绘或打印出几种动物简笔画（大图），引导儿童使用形状树叶进行装饰。如刺猬使用松叶；狮子大脸使用椭圆树叶围圈。

4. 比大小

【游戏目标】锻炼儿童逻辑思维能力，提升儿童数学启蒙和观察能力。

【游戏过程】家长和儿童分别捡各种树叶，一人取出其中一片树叶，玩石头、剪刀、布游戏，谁赢了谁制定游戏规则：比大或比小，看谁赢走对方树叶多。例如：儿童拿出一片小树叶，家长拿出一片大树叶，石头剪刀布游戏后，儿童胜利，儿童说："比小。"儿童树叶比家长树叶小，所以儿童胜出。

（二）小花、小草的玩法

搜集各种各样的鲜花、小草，游戏中均需要使用，材料准备中不再提示。

1. 鲜花拓印画

【游戏目标】锻炼儿童手部精细动作，提升儿童审美能力。

【材料准备】两张 A4 白纸，一把锤子，一把剪刀。

【游戏过程】将鲜花放在纸上，剪下花朵，摆成自己喜欢的造型，将另一张纸小心覆盖在已摆成图案的纸张上，左手扶稳白纸，右手用铁锤轻轻敲打放有鲜花位置的纸，将上面的白纸揭开，一幅漂亮的拓印画就做好了。

2. 天使的翅膀

【游戏目标】锻炼儿童手部精细动作和审美能力，提升生活品质。

【材料准备】白色硬纸板一张，勾线笔，各色彩泥一袋。

【游戏过程】将白色硬纸板横向摆放，家长用勾线笔帮孩子在白纸勾画出天使翅膀，引导儿童使用各色彩泥捏出天使五官及身体，双翅使用白色彩泥厚铺粘贴；将小草均匀插在双翅白色彩泥上，用小花点缀翅膀，漂亮的翅膀就呈现出来了。

3. 干花制作

【游戏目标】锻炼儿童手部精细动作和审美能力，提升儿童生活经验累积，培养儿童耐心和观察力。

【材料准备】厚书一本，硬纸板两张，纸巾多张，重物若干。

【游戏过程】家长带领儿童在花店或户外识别认知花朵，并将采摘或购买的花朵带回；家长和儿童一起整理、搭配花朵颜色并简单修剪；翻开书本任意一页，将准备好的一张硬纸板上铺好纸巾，在纸巾上摆放好选择的鲜花造型（注意鲜花正面朝下）；盖上另一张纸巾，在纸巾上面再放一张硬纸板，合上书；书上可压重物放置一个星期。

4. 干花书签

【游戏目标】锻炼儿童手部精细动作和审美能力，提升儿童生活经验累积，培养儿童耐心和观察力。

【材料准备】PET 贴纸，干花。

【游戏过程】从 PET 贴纸一侧撕开部分（不要全部撕开），一个手指压在没有撕开的粘纸部分来固定贴纸位置，大拇指轻轻支撑撕开的那边，此时贴纸部分粘连，部分开启，像一个开口的蚌。引导儿童一起轻轻将在书中压了一周的干花按自己喜好摆放好，轻轻合上贴纸，就像成人贴手机膜一样，压出大气泡，并用纸巾擦拭表面。

5. 镜中画

【游戏目标】锻炼儿童色彩搭配能力和审美能力，提升儿童观察力。

【材料准备】落地镜，花瓶，各色手指画颜料，水粉笔，纸巾。

【游戏过程】家长和儿童坐在镜子前，将花瓶放置在儿童和镜子中间，和儿童一起识别花名，并对鲜花进行层次摆插。引导儿童使用手指画颜料在镜子上按花束颜色和样子作画，也可使用水粉笔蘸颜料勾画细节。作品在镜子上完成后，别忘了用语言赞美儿童。家长还可使用纸巾擦去作品，让儿童反复画出不同造型。

（三）石头的玩法

搜集各种大小的鹅卵石，游戏中需要使用，材料准备不再提。

1. 送石头回家

【游戏目标】锻炼儿童观察能力，提升儿童形状认知，培养儿童专注力。

【材料准备】油画棒，白硬纸板。

【游戏过程】白硬纸板平铺桌上，家长将捡来的石头洒落在白纸上，引导儿童使用油画棒沿着石头边缘在白纸上逐一勾画出石头形状。打乱石头顺序后，和儿童比赛，看谁又快又准地送石头回家。

2. 叠叠乐

【游戏目标】锻炼儿童观察能力和控制能力，提升儿童生活经验和专注力。

【游戏过程】将大块石头置于底层，在大块石头上逐一成功叠放置石头，看谁堆得又高又稳，谁就胜利。

3. 石头创意画

【游戏目标】锻炼儿童审美能力和观察能力，提升儿童视觉触觉感知和艺术创造力。

【材料准备】相框，胶枪。

【游戏过程】家长可以给儿童示范用石头组合拼出各种造型，如脚丫、五星、房子、小花……引导儿童根据自己的生活经验，运用自己手边的石头材料，拼出作品。哪一款摆搭儿童最喜欢，就可以使用胶枪粘贴在相框里，写上创作日期和儿童的手指盖章，这幅画就完成了。

4. 石头钟表

【游戏目标】锻炼儿童数字启蒙和观察能力，提升儿童生活经验。

【材料准备】粗记号笔一支，硬纸板一张，胶枪一把，短木棍一段，迷你玩偶头像或装饰物一件，剪刀一把。

【游戏过程】家长示范给儿童如何在石头上写数字，待儿童写完后，让儿童观察家中钟表，进行表盘制作。家长使用剪刀在硬纸板上剪出圆形表盘，并用短木棍在表盘中心扎洞穿入，使用胶枪在表盘正面木棍横切面上涂抹胶将迷你装饰和硬纸板制作出的时针、分针穿在木棍上固定。引导儿童将写好数字的石头在表盘上码放整齐，家长助力儿童使用胶枪打上胶固定。

（四）沙子的玩法

游戏中均需要使用到沙子，材料准备中不再提示。

1. 沙堡

【游戏目标】促进感官发展，锻炼儿童观察能力、控制力，提升儿童专注力。

【材料准备】水桶,水,广口塑料托盘。

【游戏过程】将沙子和水都倒入水桶中,水多于沙即可。

家长给儿童示范,使用自己的任意一只惯用手,拇指、食指、中指三指捏东西状插入水桶,速度移动手臂,让有水和沙的三指滴灌在广口塑料托盘里的同一位置,多次完成同一动作,儿童可以看到沙子做成的城堡或钟乳石造型。引导儿童使用这样的方式,制作自己喜欢的毛毛虫、城堡或其他造型。

2. 魔术沙画

【游戏目标】促进感官发展,锻炼儿童想象能力和空间意识,提升儿童触觉,培养儿童专注力。

【材料准备】一管方便胶,各种纯色卡纸。

【游戏过程】家长告诉儿童,给他变个魔术,让儿童仔细看。家长在一张纯色卡纸上,用方便胶写出儿童名字或画出一种水果,因为方便胶涂抹在纸上看不出来,所以引导儿童抓一把沙子撒上去,将多余的沙子倒回沙池,一张简易沙画就完成了。将方便胶交给儿童,让他也来变几次魔术,给家人看。儿童熟练后,还可将卡纸折成不同形状,让儿童作画,提升兴趣。

3. 彩虹沙

【游戏目标】锻炼儿童动手能力,提升儿童色彩搭配意识,培养儿童专注力。

【材料准备】各色水粉颜料,水,小桶,搅拌勺,密封袋多个,透明玻璃杯。

【游戏过程】将纯色水粉颜料溶解于两三勺清水中，倒入适量的沙子搅拌，即可给沙子上色，将上好色的沙子放入密封袋或置物瓶中备用。逐一使用同一种方式，给沙子染上不同颜色，在透明玻璃杯中逐层撒入赤橙黄绿青蓝紫的颜色，好看的彩虹沙就呈现出来了。

4. 沙堆淘宝

【游戏目标】锻炼儿童感官能力，提升儿童认知水平，培养儿童专注力和想象力。

【材料准备】塑料光滑玩具，造型各异的塑料模具，水，小铲子，鹅卵石。

【游戏过程】将鹅卵石、儿童的玩具、各种塑料模具填充湿沙埋入沙中，引导儿童挖沙寻宝，对寻找到的“宝物”进行认知；如果寻找到磨具类的“宝物”，提示儿童用小铲子轻轻敲击模具边缘，将制作好的沙质造型排列一排，尝试让儿童自己制作更多的作品。

（五）蔬菜、水果的玩法

搜集各种时令蔬菜和水果，游戏中均需要使用。

1. 花朵捕光盘

【游戏目标】锻炼儿童观察能力，提升儿童审美能力和认知力，培养儿童专注力。

【材料准备】纸盘，剪刀，冷裱膜，各种花朵或花瓣，各种各样的叶子，小型打孔器，彩色毛线绳或扭扭棒。

【游戏过程】家长在纸盘中心剪下一个大的圆洞，将剪下的圆形放在冷裱膜上，剪出两个相同的比纸盘圆洞更大一圈的膜贴，其中一张贴在纸盘上。引导儿童将花朵的花瓣整片撕下，用叶子和花瓣混搭平铺在冷裱膜上。儿童铺好后，家长帮儿童铺平整，再将另一张冷裱膜贴在纸盘圆洞处，并在纸盘上打孔，用彩色毛线或扭扭棒绑好纸盘进行装饰。最后，带着儿童将纸盘对着阳光或灯光看看，能够看到五颜六色的效果。

2. 水果店

【游戏目标】锻炼儿童财商意识，提升儿童语言表达能力，培养儿童专注力。

【材料准备】各种时令水果，菜篮，卡纸钱币或一元硬币若干。

【游戏过程】儿童扮演水果店店主进行水果售卖，家长扮演采购水果的顾客，引导儿童对水果进行推销，也可与儿童进行角色互换。

3. 蔬菜拓印画

【游戏目标】锻炼儿童手眼协调能力，提升儿童专注力和语言表达能力，培养儿童审美能力。

【材料准备】小刀，笔刷，白色卡纸，托盘，各色颜料，整颗上海青茎切面，半个青辣椒，半个藕，半个香菇，半根秋葵，半根玉米，一小朵西蓝花，芹菜茎，半颗洋葱等时令蔬菜。

【游戏过程】家长为儿童讲解各种蔬菜的名称及营养价值，并使用刀具切开蔬菜。将颜色各异的颜料挤在托盘不同位置，家长引导儿童使用笔刷或直接手持蔬菜根茎，将蔬菜的横切面沾入颜料盘，在白色卡纸上拓印各种蔬菜切面，鼓励儿童根据拓印的图案进行构图，并进行讲述。

三、废旧物品的创意玩法

（一）废旧纸箱的玩法

搜集各种大小的废旧硬纸箱，游戏中均需要使用。

1. 瓦楞纸创意画

【游戏目标】锻炼儿童动手能力，提升儿童审美情趣，培养儿童想象力。

【材料准备】带框和底板的木质相框，刻刀，直尺，胶枪，黑色涂料，板刷。

【游戏过程】家长准备好木质相框，将相框内外涂刷成黑色并使用刻刀和直尺将纸箱裁成宽窄不一的条状备用；引导儿童手持家长已经涂抹好胶的纸箱条瓦楞边框，随心意摆放拼插在木质相框内，多次重复，层次多样的艺术画就制作好了。

2. 糖果机器人

【游戏目标】锻炼儿童手眼协调能力，提升儿童审美情趣，培养儿童想象力。

【材料准备】废旧鞋盒若干，各色丙烯颜料，黑色勾线笔，白色卡纸，颜料刷，剪刀，胶水。

【游戏过程】儿童使用颜料刷，分别将鞋盒整体刷成自己喜欢的纯色；家长使用剪刀分别在白色卡纸上剪出若干个圆形、半圆或月牙形状，黑色勾线笔在这些圆片上画出机器人各种各样的眼珠；家长使用儿童选择的相同颜色的卡纸，剪出机器人的各种造型的手臂；引导儿童将家长准备好的机器人“眼珠”贴在涂好颜色的鞋盒上；家长使用刻刀在鞋盒的适当位置开出正方形、长方形、月牙形、椭圆形或锯齿形的大嘴巴；家长使用剪刀在白色卡纸上剪出大小各异的三角形、正方形，引导儿童贴在机器人嘴巴周围当牙齿；将剪好的机器人手臂用刻刀划开适当大小的缝隙，插在机器人身体两侧。各式各样的糖果机器人就制作完成了。

3. 城堡

【游戏目标】锻炼儿童空间意识，提升儿童安全感和大肌肉力量，培养儿童专注力。

【材料准备】新洗衣机或冰箱的硬纸板包装箱，刻刀，牛奶箱塑料提手，海洋球多个。

【游戏过程】将纸箱横放在家中，与地毯或地垫相连，便于儿童爬行玩耍。家长使用刻刀在纸箱上开多个形状各异的洞，洞口有大有小，纸箱上方必须开一个便于儿童打开的“天窗”，可使用其他软材料装饰此“城堡”，不可使用尖锐或绳子类的装饰。家长和儿童使用海洋球“开战”，儿童在“城堡”内，可站立打开“天窗”向家长投掷海洋球炸弹，家长也可使用海洋球向儿童所在的“城堡”发起“进攻”，儿童打开、关闭“天窗”，在“城堡”内躲闪。

4. 自制履带

【游戏目标】锻炼儿童空间意识，提升儿童安全感和大肌肉力量，培养儿童想象力。

【材料准备】大纸箱两个,宽胶带,剪刀。

【游戏过程】家长把两个大纸箱的上下活动页全部剪掉,使用剪刀延纸箱侧缝剪开,使用宽胶带将两个大纸箱短边相互粘连,形成一个更大的圆形,粘好固定。将纸箱圈立起,引导儿童在纸箱与地板接触面上不停地爬行,纸箱圈就像坦克车的履带圈一样转动。

（二）矿泉水瓶的创意玩法

搜集各种大小的矿泉水瓶,游戏中均需要使用。

1. 吊篮风铃

【游戏目标】锻炼儿童动手能力,提升儿童手部肌肉力量,培养儿童专注力和审美能力。

【材料准备】5 L 矿泉水瓶一个,刻刀,550 mL 同款矿泉水瓶6~12 个,鱼线,麻绳,吊篮,香,打火机,剪刀。

【游戏过程】家长使用剪刀将鱼线剪成两条一组逐渐递增的长度;用刻刀将大小各异的矿泉水瓶均从水瓶包装纸上端左右的位置逐个切分,可以用点燃的香在大矿泉水瓶瓶盖上灼烧一个小洞,另一透明质广口边缘灼烧距离均等的小洞;在各带有瓶盖的被切开的小矿泉水瓶体边缘对称位置,逐一灼烧小洞。家长引导儿童使用双股麻绳穿入大矿泉水瓶洞眼,家长协助儿童打结。鼓励儿童使用成组的渔线,分别连接大矿泉水瓶广口小洞和小矿泉水瓶洞口,家长协助儿童打结。将每个小矿泉水瓶里放入适当清水,引导儿童将吊篮或绿萝等水培植物放入水中。家长拎起大矿泉水洞口的麻绳挂在适当位置即可。

2. 制作龙舟

【游戏目标】锻炼儿童动手能力，提升儿童手眼协调能力，培养儿童对传统文化的兴趣。

【材料准备】勾线笔，刻刀，剪刀，透明胶，彩泥，彩泥棒。

【游戏过程】家长使用刻刀将矿泉水瓶分成均等的两份，然后将其中的一半重复叠放在另一半上，使用透明胶进行粘连；引导儿童使用红色彩泥将家长制作好的重叠透明原材料进行外部包裹，家长有必要示范如何使用双手拇指将彩泥推薄，彩泥需要将两个半瓶连接边缘及外侧进行均匀包裹，并提示儿童在矿泉水瓶盖部位捏出一个"一"字形凸起部位。头部制作：儿童使用红枣大小的红色彩泥在双手手心揉成立体圆形，家长使用剪刀在圆形彩泥上剪一下，剪出龙头雏形的嘴巴，剪的长度不要超过彩泥圆心；家长使用彩泥棒在龙头雏形上部左边纵向点两个大一点的圆形当眼槽，在右侧纵向点两个小一点的圆形当鼻孔，制作好后，引导儿童将龙头雏形开口向外插在矿泉水瓶底部；使用少量白色彩泥制作出龙的眼白，贴在龙头雏形的眼槽里；勾线笔分别在固定好的眼白上点出龙的眼珠；龙头后上方使用黄色彩泥制作多条圆锥形彩泥进行固定、延龙尾上部至下部粘黄色细长条，并用剪刀延此长条进行点剪龙尾、搓揉细长条延龙舟接口边缘连贯粘连；使用橙色锥形彩泥在眼后上方固定当龙角、椭圆彩泥粘在龙嘴里当舌头、细长条状彩泥当龙须；使用黄色扁圆和橙色扁圆进行组合，在龙舟两侧均匀贴出龙鳞，龙舟就做好了。

爱的叮咛

家长带儿童看龙的图片，讲出龙是中华民族的图腾与象征，华夏人民自古以来自称龙的传人；赛龙舟是端午节的习俗之一，龙舟竞渡作为一种对龙神的祭祀仪式，体现了古人对风调雨顺、国泰民安的美好期盼。

3. 小飞机

【游戏目标】锻炼儿童动手能力，提升儿童手眼协调性，培养儿童审美能力。

【材料准备】红色瓶盖的矿泉水瓶，红色卡纸，蓝色卡纸，剪刀，双面胶，铅笔。

【游戏过程】使用红色长方形卡纸将矿泉水瓶身进行包裹，双面胶粘贴牢固，露出带有红瓶盖的圆锥部分；将长 8 厘米左右、宽 1 厘米左右的蓝色卡纸分别卷成圆柱形状粘在红色瓶身两侧对应的位置；使用蓝色卡纸对折，剪出一个椭圆半圆，打开卡纸延中线剪开当机翼，粘贴在机身蓝色圆柱喷气管上方；家长剪出两个小五角星，引导儿童分别贴在机翼上进行装饰；将宽 5 厘米左右、长 9 厘米左右的红色卡纸对折，用剪刀延对折后的长边斜剪，对折开口处粘胶竖立固定飞机尾部；使用红色椭圆卡纸粘在竖立的尾翼上；黄色卡纸剪出多个 1 厘米左右直径的圆片对称粘贴在飞机机翼上侧当窗户；使用铅笔沿瓶盖在蓝色卡纸上画圈，家长在儿童已经描好的圆圈外侧绘制宽度 5 毫米左右的大同心圆，并沿此圆在两侧分别绘制椭圆形状螺旋桨两片，剪出螺旋桨造型，家长将内圆剪成空心状态，引导儿童拧开矿泉水瓶盖将螺旋桨套入瓶口，再次拧上瓶盖。一架酷酷的、可爱的小飞机就制作好了。

4. 旋转风扇

【游戏目标】锻炼儿童动手能力，提升儿童空间意识，培养儿童对科学实验的兴趣。

【材料准备】10 厘米长 2 厘米宽的硬纸板两块，马克笔，胶枪，一次性筷子，毛线，矿泉水瓶，打孔器，刻刀。

【游戏过程】家长使用刻刀将矿泉水瓶从瓶身包装纸上侧进行切分，并分别在矿泉水瓶盖圆心处和已经截好的带有瓶盖的瓶身中部打孔；引导儿童在硬纸板上绘制自己喜欢的简单图案；家长使用毛线系在一次性筷子的一头，引导儿童将毛线缠绕在筷子上，将缠好毛线的筷子从瓶子广口处插入，并从瓶盖处露出筷头；在瓶盖位置的筷头上套入已绘制好图案的硬纸板，并将纸板交叉成十字状用胶枪固定；将毛线头从瓶身打孔处快速抽出，一个好玩的风扇就制作好了。

5. 漏斗和笔筒

【游戏目标】锻炼儿童动手能力，提升儿童手眼协调能力，培养儿童节约意识。

【材料准备】刻刀，勾线笔，卡纸，彩泥，胶枪，剪刀。

【游戏过程】家长使用刻刀将矿泉水瓶从瓶身中部一分为二，引导儿童使用彩泥沿瓶身切开面粘贴；卡纸卷成瓶口圆锥造型，使用胶枪固定，剪刀在锥口剪出小口，漏斗制作完成。鼓励儿童在家长已经准备好的长方卡纸（和瓶身高度一致）上作画，将绘制好图案的卡纸在带有瓶底部分的瓶身粘好，瓶口使用儿童喜欢的彩泥进行装饰，实用的笔筒就做好了。

四、生活用品的创意玩法

（一）纱巾的玩法

搜集颜色大小各异的纱巾，游戏中均需要使用。

1. 花开花落

【游戏目标】锻炼儿童音乐节奏感，提升儿童手部肌肉力量，培养儿童审美能力。

【材料准备】音乐播放器，儿歌《春天来了》。

【游戏过程】家长和儿童面对面玩拍手击掌游戏，“春天”两字拍手，“来”字相互击掌，随着歌词交替重复；家长使用一条纱巾团成一团藏于手心，再次念诵儿歌，在每句末双手五指张开，句首时双手十指将纱巾逐渐团于掌心藏起来，让儿童进行体验；家长播放儿歌《春天来了》，引导儿童随音乐在句末开花，句首收纳纱巾成花苞状。

2. 纱巾钻山洞

【游戏目标】锻炼儿童空间意识，提升对儿童物体守恒的认知，培养儿童专注力。

【材料准备】硬纸筒，音乐播放器，儿歌《蚂蚁搬豆》。

【游戏过程】家长为儿童播放儿歌《蚂蚁搬豆》,将纱巾从纸筒一头塞入三次,从另一头抽出一次,每个乐句重复一次,直到儿歌结束。家长示范完成后,鼓励儿童尝试随音乐自主完成。

(二)吸管的玩法

搜集各种颜色、长短不一、粗细不同的吸管,游戏中均需要使用。

1. 贪吃蛇

【游戏目标】锻炼儿童手指灵活性,提升儿童手眼协调能力,培养数感启蒙。

【材料准备】硬纸板,勾线笔,干净鞋绳,剪刀,胶枪。

【游戏过程】家长在硬纸板上用勾线笔绘制出“M”形曲线弯道,沿弯道分散逐一写出从小到大的数字;用剪刀将三根不同颜色的吸管全部剪成两厘米左右的小段;用胶枪将吸管段逐一固定在写有数字的纸板对应位置;引导儿童使用带有硬头的鞋绳穿梭于各吸管洞眼间;开始操作时,点数各数字,帮助儿童进行数字认知。

2. 视觉追踪

【游戏目标】锻炼儿童空间意识,提升儿童长短规律认知能力,培养儿童专注力。

【材料准备】鞋盒盖一个,剪刀,胶枪,弹珠一颗,贴画。

【游戏过程】在鞋盒盖的左上角和右下角各贴一张儿童喜欢的贴画;使用剪刀将带有弯头的五根彩色吸管剪成长短各异的小段;在鞋盒内像摆迷宫一样,尝试摆出不同的路线,设计出一款弹珠需要通过上移、下撤、左右摇摆才能想方设法走到鞋盒底端的路线（家长可协助一起设计）;使用胶枪将设计好的路线涂抹胶水,相对应的吸管放在上面进行固定;将弹珠放置在贴有贴画的起点或终点处,使弹珠能够从另一边贴有粘纸贴画的地方走出;熟练后可以和家长计时比赛,看谁走得又快又准。

（三）面粉的玩法

准备陈年面粉一袋,游戏中均需要使用。

1. 自制面粉橡皮泥

【游戏目标】锻炼儿童动手能力,提升手眼协调,培养审美情趣。

【材料准备】面粉 120 g,塔塔粉 9 g,盐 40 g,油 4 g,沸水 90 g,食用色素,广口盆。

【游戏过程】家长为儿童准备好以上材料,除沸水和色素外,引导儿童逐一用手摸摸各种材料,将材料倒入广口盆;家长向广口盆中注入加了食用色素的沸水搅拌,待水温冷却到体温适应的温度下,引导儿童揉面,捏出自己喜欢的造型,进行故事创编。

2. 阴影画

【游戏目标】锻炼儿童空间意识,提升儿童成就感和参与感,培养儿童动手能力。

【材料准备】黑色卡纸,不同形状的树叶,面粉筛,勺子。

【游戏过程】将黑色卡纸平铺在桌面上,鼓励儿童将不同形状的树叶错落摆在卡纸上;鼓励儿童手持面粉筛,使用勺子向面粉筛中倒入适量面粉，轻轻拍击手持面粉筛的手臂，观察面粉如何掉落；家长给儿童示范如何取出树叶，引导儿童进行尝试。待树叶全部取出，树叶阴影画就完成了。

（四）豆子的玩法

搜集各种大小颜色不同的豆子，游戏中均需要使用。

1. 豆子创意画

【游戏目标】锻炼手部控制力，提升手指精细动作，培养专注力。

【材料准备】白色卡纸一张，白乳胶一瓶，铅笔，橡皮。

【游戏过程】鼓励儿童在白色卡纸上画一幅生日蛋糕/雨伞/松树等主题的简笔画；家长将准备好的各色豆子放在儿童面前，引导儿童根据自己绘制的画，用不同颜色的豆子为其填充补色；构思完毕后，使用白乳胶在需要填充补色的地方涂抹固定豆子。一幅好看的豆子创意画就完成了。

2. 蚂蚁搬豆

【游戏目标】锻炼儿童精细动作，提升儿童手眼协调能力，培养儿童专注力。

【材料准备】白纸两张，毛线，一次性纸杯两个，透明胶，剪刀，小纸卷两个。

【游戏过程】在每个纸杯中都放入少量豆子；毛线缠绕在小纸卷上，缠出 3 米的长度剪断，并将剪断后的毛线头在白纸窄边中部贴透明胶固定；第二条线绳制作方法与第一条相同。和家长一起坐在家中空旷地方的一侧，把带有白纸那边放在远处，两张纸并排放，两张纸中间需要留出一定空间；装好豆子的一次性纸杯分别放在两张白纸中部，儿童和家长一起缠绕自己手中的线团，比赛看谁的豆子杯能又快又稳地将豆子搬运到家长和儿童面前。

3. 扔豆子

【游戏目标】锻炼儿童空间距离感知，提升儿童手眼协调能力，培养儿童专注力。

【材料准备】两个塑料碗，一袋大芸豆。

【游戏过程】将塑料碗平行放置在儿童和家长 1.5 米外的地方；家长和儿童将手中的大芸豆向碗中投掷，看谁投掷进自己前方碗里的芸豆多，谁获胜。

（五）棉签的创意玩法

准备多袋双头棉签，游戏中均需要使用。

1. 绵羊洞洞板

【游戏目标】锻炼儿童手指精细动作，提升儿童小肌肉力量，培养儿童创造力。

【材料准备】硬纸板一块，白色水粉颜料，灰色水粉颜料，剪刀，勾线笔，十字螺丝刀。

【游戏过程】在硬纸板中部绘画出绵羊简笔画；使用白色水粉颜料将绵羊身体涂白，使用灰色颜料将绵羊脸部和腿部涂灰，在绵羊脸上绘出面部表情；家长使用剪刀将双头棉签从中间剪开一分为二；家长使用螺丝刀在绵羊身上扎好多个小洞眼；儿童手拿带有棉花的棉头将棉签的棍逐一插入纸板，真正立体的绵羊就制作完成了。

2. 棉签摩天轮

【游戏目标】锻炼儿童手部精细动作，提升儿童小肌肉力量，培养儿童创造力。

【材料准备】矿泉水瓶盖一个，白色硬纸板，彩笔，剪刀，胶枪，吸管，彩泥。

【游戏过程】在白色硬纸板上分别画出两个瓶盖大小的圆；分别使用红色、黄色、绿色、蓝色、紫色彩笔按从大到小的顺序在圆圈内分别绘制同心圆；在两个紫色圆心处分别打孔；家长使用胶枪在其中一个同心圆背面的白色部分涂抹一圈胶，并将五根双头棉签都从中部剪开；鼓励儿童手捏棉棒头，将棉棒棍均匀排列成花朵状，粘上另一片同心圆，有图案的面朝外，白色面对齐粘贴；再次取出彩笔，继续按绘制同心圆时彩笔的使用顺序逐一涂抹相应的颜色；剪刀在吸管一端一厘米左右位置剪开，把短吸管插入同心圆中间的圆孔中；在新整根棉棒的其中一个棉头的中部，使用胶枪点涂胶水再将一个去掉双头棉头的小木棍粘在胶上固定；将插着彩色棉头的同心圆圆心插入此木棍；再取一根新棉签，同样在棉头中部点涂胶，然后和木棍连接在一起，此时同心圆棉签摩天轮已经可以转圈圈了；在矿泉水瓶盖内凹部分填满彩泥，将带有摩天轮的棉签底部的两个棉头剪断，棉签杆分别插入彩泥中。棉签摩天轮制作完成。

五、其他常见玩具的创意玩法

（一）磁力片的创意玩法

准备一至两套磁力片，游戏中均需要使用。

1. 袋鼠跳跳，小脚踏踏

【游戏目标】锻炼儿童腿部肌肉力量，提升儿童身体协调性，培养儿童专注力。

【材料准备】直角三角尺。

【游戏过程】将方形磁力片纵向摆放一横排，用直角三角形短边吸在两方形磁力片接缝口使其增强稳定性；间隔半米继续搭建，搭建方法一样，只是在方形磁力片上方增高一层；每隔半米搭建一个栅栏；家长和儿童一起跳跳，看谁跳得高，不碰倒磁力片；还可引导儿童单脚跨越栅栏，提升挑战乐趣。

2. 小猫钓鱼

【游戏目标】锻炼儿童本体觉，提升儿童身体协调性，培养专注力。

【材料准备】棒球帽，长尾夹，线绳，小鱼贴纸。

【游戏过程】家长使用线绳系牢窗型磁力片，将线绳另一头使用长尾夹夹在棒球帽的帽檐中间；鼓励儿童自己将贴纸逐一贴在不同形状的磁力片上；将帽子带在儿童头上，引导儿童不动手的情况下，使用头顶钓绳上的磁力片去钓鱼（其他贴贴纸的磁力片），看谁钓得又快又多。

（二）气球的创意玩法

准备各种各样、颜色各异的气球，游戏中均需要使用。

1. 气球坐垫

【游戏目标】锻炼儿童肺活量，提升儿童动手能力，培养儿童创造力。

【材料准备】大号塑料袋一个，彩色大气球若干，双面胶一卷。

【游戏过程】将气球逐一吹成中等大小，家长协助打结，不要漏气；气球逐一填入大号塑料袋中，直到填满为止；使用双面胶将大号塑料袋口粘好，鼓励儿童坐在气球坐垫上感受体验。

2. 气球飞碟

【游戏目标】锻炼儿童肺活量，提升儿童手眼协调，培养儿童专注力。

【材料准备】大号彩色气球，宽透明胶，剪刀，吹风机。

【游戏过程】吹 6～7 个气球；使用剪刀将宽透明胶剪成一小段，并将胶面朝外将透明胶粘成圆柱形；在吹好的气球中部粘上圆柱形透明胶，取其他气球逐一连接粘贴成空心花朵形状；打开吹风机冷风功能，从气球飞碟的下方向上吹风，好玩的气球飞碟就飞起来了。

3. 气球火箭

【游戏目标】锻炼儿童空间意识，提升儿童动手能力，培养儿童创造力。

【材料准备】吸管，毛线绳，宽胶带，剪刀。

【游戏过程】将毛线穿在吸管中，用剪刀将宽透明胶剪成一小段，并将胶面朝外将透明胶粘成圆柱形；一面粘在吸管上固定好，另一边粘在孩子吹好的气球上；将毛线绳一头绑在栏杆上，另一头拉在家长手中，家长可以变换各种高度；家长提醒儿童在未准备好前，手指要捏紧气球口，防止气球火箭随意飞起。

（三）扑克牌的创意玩法

准备两副扑克牌，游戏中均需要使用。

1. 送数字回家

【游戏目标】锻炼儿童运算能力，提升儿童数感启蒙，培养儿童专注力。

【材料准备】刻刀，数字 1～10 的扑克牌，双面胶，硬纸板，衣服魔术贴，胶枪，剪刀。

【游戏过程】家长使用刻刀将扑克牌上中间的图案完整取出，分离后将长方形中间图案用双面胶整齐分散地粘在硬纸板上；使用胶枪将剪成寸长的衣服魔术贴母贴贴在牌面图案上方 1 厘米处；在镂空的数字牌面背后使用胶枪将衣服魔术贴的子贴固定。儿童可多次重复玩数字回家的游戏。

2. 数字接龙

【游戏目标】锻炼儿童记忆力，提升儿童观察力，培养儿童专注力。

【游戏过程】将洗好的牌平均分给参与玩牌的家长和儿童手中,牌的背面朝上,参与者逐一按顺序将牌面朝上接龙,桌面上已有自己出的相同的牌面,谁就可以把两相同数字之间的所有牌赢走。最后,谁手里的牌越多,谁就是胜利者。

第七章 评估
——测评是儿童成长的必要监测

案例呈现

王奶奶的孙子球球上幼儿园了，但是老师反映球球在教育活动中很难集中注意力，也不管老师讲授的内容，只管自己动来动去，一会钻到桌子下面，一会又跑出教室，需要一个老师马上跟出去，想办法再把他给哄回来，球球情绪容易冲动，很容易和老师小朋友起冲突，自由活动的时候，也很难与小朋友和谐玩耍，老师建议家长带球球去做个评估，看是不是多动症。

王奶奶一家愁云密布，原来只是觉得孩子有点任性，没想到上幼儿园以后老师竟然这样说，那么，球球到底是不是多动症，是否需要去做一下评估呢?

对于球球是不是多动症，其实老师是不能轻易地给出结论的，如果怀疑某个孩子有问题的话，应该到专业的评估机构进行专业的鉴定，家长了解一些儿童成长测评的知识，有助于对儿童的前期预测，及时发现，及时干预。

本章内容会让我们了解一些关于儿童发育测评的相关知识，

形成对测评的正确认识，可以在家庭中对孩子的成长情况进行简单评估，帮我们大概了解儿童的发展水平，如果发现儿童与正常标准距离较大的话，就应该及时进行专业求助。

第一节　儿童心理行为评估概述

案例呈现

阳阳已经2岁半了，除了爸爸妈妈、爷爷奶奶等熟悉的人的称呼外，只会说一些单字的字词，像“不”“要”“吃”等。阳阳的妈妈有点着急，总担心阳阳是不是语言发育有问题，几次都想带他去医院检查一下。可是奶奶一直说：“检查什么，我们是‘贵人语迟’，等大了自然就都会说了。”

本案例中出现的阳阳妈妈和奶奶的争议在儿童的养育过程中也很常见。作为儿童成长发育陪伴者的家人，有时会发现儿童异于同龄人的一些表现。我们既不应该忽视这些发现的问题，也不能过于紧张或早早地给孩子扣上“语言发育迟缓”“多动症”等疾病的帽子，而应该理性应对，通过自我评估或医疗机构专家评估，掌握儿童的问题严重程度，进而采取相应的干预方法。

在本案例中，建议阳阳的妈妈和奶奶应当先对阳阳进行细心观察，必要时可进行记录，记下阳阳已经能够顺利说出口的词和句子。随后查阅相应的评价量表，比对量表中的常模，即依据一个经实验和计算得到的平均值,用于比对儿童在同龄人中所处的位置,从而发现儿童和同龄人的差距。具体采取什么方式干预儿童的语言发育,要等评估的准确数据出来以后方可确定。

一、儿童心理行为基本理论

（一）儿童心理行为的概念

儿童的心理行为发育包括了脑和神经的发育,运动发展,语言发展,认知发展,社会情感发展,人格的发展等多个方面。儿童心理行为评估有时也叫儿童神经发育评估、发育智力评估或发育评估,是借助一定的评估工具对儿童的运动能力(粗大运动、精细运动)、言语能力(表达和理解)和社会生活能力进行评估,判断是否达到和年龄相对应的发育水平,即“发育里程碑”。

狭义的儿童心理行为问题评估是指对特定的儿童心理行为问题进行专业的评估和诊断。主要由两方面组成:一是发展或发育评估,主要是儿童的运动、语言和社会能力发展进度是否正常,有无延迟、发育不均衡的情况,有无先天的视听障碍、读写障碍等;二是心理行为问题和障碍的评估,有无孤独症谱系障碍、多动症、焦虑症、品行障碍等。

（二）了解儿童心理行为的意义

0~3 岁儿童处于心理发育的高速期,很多功能还不很成熟。定期对儿童进行心理行为发育评估,可以帮助掌握儿童不同年龄阶段的认知和社会心理发育水平,并据此进行针对性早期发展促进工作；心理行为发育评估可帮助早期发现、识别影响儿童心理行为发育的生物、心理、社会方面的不利因素；心理行为发育评估可早期识别儿童心理行为发育偏离或异常，及时进行健康管理和干预、治疗。学龄前儿童心理行为问题非常普遍，对青少年期和成年期的身心健康具有重要影响，也造成了巨大的经济和社会负担。早期发现和早期干预是提高疗效的关键，也是阻断和减少疾病蔓延到成年期的重要手段。

二、发现儿童心理行为异常的途径

（一）观察

照护儿童的家人是陪伴儿童时间最长、最了解儿童的人。因此，家人最具备发现儿童问题的条件，无论什么样的问题都是早发现早干预才能降低对儿童的不良影响。观察是人类认识世界的最基本的方法，需要各个感觉器官的参与。因此，想要切实掌握儿童最准确的状况，必须基于对儿童长期、稳定、细心的观察。在观察时，如果能够匹配相应的记录手段，效果就更好了，例如写观察日记，在不打扰儿童的前提下视频记录，等等。这样一方面便于后期查找与对比，另外还为后续接受专业的指导准备了丰富的材料。

照护者需要选择自己状态良好的时候对儿童进行观察记录，如果自己身体不舒服或心情不好就应该另外找时间再进行观察和记录，以免观察者自身的状态影响观察结果。

所有的观察均须确保在儿童身体健康，不饿不困的状态下进行，排除可能引起儿童不适的一切因素。与本章第二节《0~6岁儿童发展的里程碑》所附的表格对照，发现儿童异于同年龄段大部分儿童的地方，须初步判断此类问题行为是儿童的常态还是偶尔出现，如是偶尔出现则不用太过于惊慌。不同遗传基因、不同性别、不同气质类型、不同家庭环境等问题都会导致儿童出现与同龄儿童的差异，因此在分析观察结果时需要综合考虑以上因素。照护者在进行观察记录时，除了记录当时儿童的行为外，还需要记录发生该事件的背景，例如：阳阳被妈妈批评过后，独自一人在飘窗上看绘本，边看边开始啃手。此时阳阳的啃手行为就与妈妈的批评密切相关，因此本次事件发生背景就尤为重要。

为防止大一些的儿童发现有人在故意观察他，最好将观察与记录分开进行，在儿童看不到的地方，用手机或笔记本回忆写下儿童刚才的表现，这样一方面可以避免儿童发现妈妈在边观察他边记录时心里感到不舒服，另一方面也可以防止儿童出现一些不客观的行为。如果儿童主要由老人带，又不具备按表格记录的能力，那么就记为简单的流水账即可，这样即使信息没有那么全面，也足以在咨询专业人士时提供材料所用。

（二）测评

心理行为的测评是如何进行的呢？简单地说，就是把自己孩子的发展水平表现与大多数正常孩子的发展水平去进行比较，如果他的发展优于一般的孩子，就是发展超前，如果和大多孩子一致，就是一般，如果不如一般孩子，就是落后。当然，正常水平有一个范围，比如拿走路来说，一般的孩子 1 岁左右学会独立走路，有的孩子可能提前一个月、有的孩子错后一个月，这都是正常的，但是如果错后比较多的话，就要提醒我们及时注意，该去就医就要及时就医，及时干预。

儿童的照护者们一般习惯将自己家的孩子与周围的其他孩子进行比较，但实际情况是在比较时并不清楚其他孩子代表的是哪个发展水平。因此，在比较前我们需要先确定比对组所处的位置，各种专家给出的测评量表中的常模数据就是最好的参照。

在本章的第二节，我们提供了一个比较简单的、非正式的、适合家长进行的 6 岁前儿童发展的里程碑，告诉我们在每个年龄段应该会干什么，如果有哪些现象应该及时就医，以免由于家长的粗心大意延误对孩子的治疗。

如果我们想对孩子的发展水平了解得更具体，就要到专业的机构，找专业的人士，进行更加专业的测评，一般这样的测评后，会给出非常具体的发展测评报告和发展建议，家长可以有选择地进行。

专业的评估工具也有很多，其中《儿童行为发育评估量表》涵盖了儿童发展的六个重要方面，包括粗大运动、精细运动、生活技能、交往能力、表达能力、理解能力。该量表可以评估年龄在 1 个月到 7 岁 6 个月的儿童六大功能区的发育水平。《儿童问题行为筛查量表》包括儿童生理、心理和行为问题与表现，共包括 33 个独立的项目，每个项目又包括一些具体的条目。《养育环境评估量表》包括反映日常养育实践的13个题目，分为四个领域。由于儿童的心理行为问题很复杂，往往不是单纯的某一方面的问题，因此有时需要用到多个量表进行综合评估。

三、应对儿童心理行为异常的措施

（一）判断问题的严重程度

当对比本章第二节中所述内容，发现儿童的发展确实落后于该年龄段一般儿童或儿童经常出现一些不寻常的行为时，建议先找专业人士进行咨询，随后采取家庭与机构同时干预的方式共同进行调整。如果儿童的情况不严重，则可以采取居家观察和干预的方式，严重些的需要到儿童医院接受相关课程的辅助干预，更严重的可能需要住院治疗。

（二）采取不同的方式干预

常见的干预方法有家庭干预、行为干预、父母培训、心理治疗、药物治疗和环境干预等。专业人士根据儿童的年龄、主要的心理行为问题等因素综合考察，选择适宜的干预方法和策略。

对于经过专业评估后，可以居家进行干预的，在训练环境和次数上没有特别严格的规定。只需要根据专家的建议，在家特意为儿童增强相关方面的训练，必要的情况下也可以采买相关的玩教具。

对于经过专业评估后，需要专业机构进行干预的，最好能够听取专家的建议，在医院的儿童保健科室进行一个疗程的课程治疗，随后根据儿童的康复效果再制定下阶段的治疗方案。建议照护者谨遵医嘱，为儿童选择适宜的干预方案，早发现早治疗。

（三）坚持与信心

如果儿童确定被诊断为某种问题，监护者难以置信的心情可以理解，但是我们一定要积极应对，应该庆幸我们及早发现了问题，能够尽早帮助儿童，治疗越早效果就越好。

有些问题，需要长期坚持，并给孩子和家长以信心，如儿童孤独症等，这对每个家庭来说，都是很大的压力。除了经济、精力方面还有心理上的压力。但是要知道我们的坚持是孩子唯一的希望。我们现在与孩子共同的努力能够给孩子的将来提供更多的可能性，甚至可以给他们重新融入正常社会的可能。因此，有特殊问题的儿童的家长一定要充满信心，坚持不懈地走在陪伴孩子康复治疗的路上。

// 指导建议

学习了本节内容，让我们知道及时关注儿童心理和行为发展的水平，并通过观察及时与正常儿童的发展水平进行对比，可以让我们客观评估自己家孩子的发展状况。家长一定要对儿童出现的问题给予足够的重视，不要盲目地认为“我家儿童好得很，绝不会有问题”。所有的心理和行为问题都是越早发现越早干预效果就越好，好多心理行为问题在6岁前通过干预都可以达到正常孩子的水平。切不要讳疾忌医，耽误了最佳治疗时机。

第二节　0~6岁儿童发展的里程碑

导语

生长发育正常是健康的重要标志，这种“发育”是有一定规律的，既是连续的，又有阶段性。即在不同年龄阶段，有着不同的发育标志。我们可以通过观察、分析这些标志，了解儿童身心发展的现状是否在正常范围内。但由于它受多种因素（遗传、环境、教育等）的影响，又有明显的个体差异，如，有的儿童说话早，有的儿童该爬的时候还不会爬，这也是正常的情况。因此各年龄阶段的标志也不是绝对的。需要提醒的是，如果儿童出现“发展警示”中的情况，要及时咨询当地医生或者幼儿教育工作者。因为这些标志说明儿童在某方面的发展明显落后了，必须及时查明原因，及时采取措施。儿童的早期发育有极大的可塑性，同时也极易受损伤，发育异常发现得越早，治疗越及时，康复的可能性就越大。

一、从出生到1个月

1. 一般可以做到

头可以从一边转向另一边；醒着时，目光能追随距眼睛20厘米左右的物体；在新生儿身边摇响铃，孩子的手脚会向中间抱紧；与陌生人的声音相比，婴儿更喜欢听母亲的声音；能分辨味道，喜欢甜味；对气味有感觉，当闻到难闻的气味时会转开头；当听到轻音乐，人的说话声时会安静下来；会微笑，会模仿人的表情。

2. 发展警示

有以下状况，请赶快送孩子去看医生：对高分贝的声音没有反应；对强烈的光线没有反应；不能轻松地吸吮或吞咽；身高、体重不增加。

二、1~3个月

1. 一般可以做到

俯卧时能抬头，抱坐时头稳定；能把小手放进嘴里，能手握手；喜欢看妈妈的脸，看到妈妈就高兴；眼睛盯着东西看；会笑出声，会叫，能应答性发声；能以不同的哭声表达不同的需要；喜欢让熟悉的人抱，吃奶时发出高兴的声音。

2. 发展警示

有以下状况，请赶快送孩子去看医生：孩子的身高、体重和头围不能逐渐增加；不能对别人微笑；两只眼睛不能同时跟随移动的物体；不能转头找到发出声音的来源；抱坐时，头不能稳定。

三、4~6个月

1. 一般可以做到

能翻身，靠着东西能坐或能独坐；会紧握铃铛，主动拿玩具，拿着东西就放嘴里咬；玩具能在两只手间交换；喜欢玩脚和脚指头；

喜欢看颜色鲜艳的东西，会盯着移动的物体看；会大声笑，会自己发出“o”“a”等声音，喜欢别人跟他说话；开始认生，认识亲近的人，见生人就哭；会故意扔摔东西；喜欢与大人玩“藏猫猫”游戏；对周围各种东西都感兴趣；能区别别人说话的口气，受到批评会哭；有明显的害怕、焦虑、哭闹等反应。

2. 发展警示

有以下状况，请赶快送孩子去看医生：不会用手抓东西；体重、身高不能逐渐增长；不会翻身；不会笑。

四、7~9 个月

1. 一般可以做到

能自己坐，扶着大人或床沿能站立，扶着大人的手能走几步；会爬；能用一个玩具敲打另一个玩具；能用手抓东西吃，能用拇指、食指捏起细小物品；能发出“ba ba”等音；能听懂大人的一些话，如听到“爸爸”这个词时能把头转向爸爸；喜欢要人抱，会对着镜子中的自己笑；学拍手，能按大人的指令用手指出灯、门等常见物品等；大人表扬自己时有高兴的表示；喜欢与大人玩“藏猫猫”的游戏。

2. 发展警示

有以下状况，请赶快送孩子去看医生：不能用拇指和食指捏取东西；对新奇的声音或不寻常的声音不感兴趣；不能独坐；不会吞咽菜泥、饼干等固体食物。

五、10~12个月

1. 一般可以做到

长出6~8颗乳牙；能熟练地爬；扶着家具或别的东西能走；能滚皮球；喜欢反复拾起东西再扔掉；会找到藏起来的东西，喜欢玩藏东西的游戏；理解一些简单的指令，如拍手和“再见”；会用面部表情、手势、单词与大人交流，如微笑，拍手，伸出一个手指表示1岁等；会随着音乐做动作；能配合大人穿脱衣服；会搭1~2块积木；能模仿叫“爸爸”“妈妈”；喜欢跟小朋友一起玩。

2. 发展警示

有以下状况，请赶快送孩子去看医生：当快速移动的物体靠近眼睛时，不会眨眼；还没有开始长牙；不会模仿简单的声音；不能根据简单的口令做动作，如“再见”等；不能和父母、家人友好地玩。

六、1~1.5岁

1. 一般可以做到

有8~14颗乳牙；能独站、独走、蹲下再起来，会抬一只脚做踢的动作；走路时能推、拉或者搬运玩具；能玩简单的打鼓、敲瓶等音乐器械；能重复一些简单的声音或动作；能听懂和理解一些话，能说出自己的名字；喜欢听儿歌、故事，听大人的指令能指出书上相应的东西；能用一两个字表达自己的意愿；能从杯子中取出或放进小玩具；能有意识地叫“爸爸”“妈妈”；能辨别家人的称谓和家庭里熟悉的东西；能认出镜子中的自己；能堆起 2~3 块积木；能自己用杯子喝水，用勺吃饭；能指出身体的各个部位；能短时间和小朋友一起玩。

2. 发展警示

有以下状况，请赶快送孩子去看医生：囟门仍较大；不能表现多种情感：愤怒、高兴、恐惧；不会爬；不会独站。

七、1.5~2 岁

1. 一般可以做到

能向后退着走；能扶栏杆上下楼梯；在大人照顾下，能在宽的平衡木上走；在大人帮助下，能自己用勺吃饭；能踢球、扔球；喜爱童谣、歌曲、短故事和手指游戏；模仿大人，试图拉开和闭合普通的拉链；模仿做家务（如，给干活的大人拿个小凳子，大人做面食时跟着捏）；能手口一致说出身体各部位的名称；能主动表示想大小便；知道并运用自己的名字，如“宝宝要”；能自己洗手；会说三个字的短句；喜欢看书，学着大人的样子翻书；模仿折纸，能试图堆 4~6 块积木；能识两种颜色，能识简单形状，如圆形、方形、三角形等；喜欢玩沙，玩水；能认出照片上的自己，笑或用手指；表现出多种情感（同情、爱、不喜欢等）。

2. 发展警示

有以下状况，请赶快送孩子去看医生：不会独立走路；不试着讲话或者重复词语；对一些常用词不理解；对简单的问题，不能用“是”或“不是”回答。

八、2~3岁

1. 一般可以做到

乳牙出齐20颗；会骑三轮车，能两脚并跳，能爬攀登架，能独自绕过障碍物(如，门槛)；能用手指捏细小的物体，能解开和扣上衣服上的大纽扣，会折纸，洗手会擦干；能走较宽的平衡木；能自己上下楼梯；会拧开或拧紧盖子；能握住大的蜡笔在大纸上涂鸦；喜欢倒东西和装东西的活动，如玩沙，玩水；开始有目的地运用东西，如，把一块积木当作一艘船到处推；能把物体进行简单的分类，如把衣服和鞋子分开；熟悉主要交通工具及常见动物；说出图画书上东西的名称；喜欢有人给他念书，能一页一页地翻书并假装“读书”；能说出6~10个词的句子，能比较准确地使用“你”“我”“他”；脾气不稳定，没有耐心，很难等待或者轮流做事；喜欢“帮忙”做家务，爱模仿生活中的活动，如喂玩具娃娃吃饭；喜欢和别的孩子一起玩，相互模仿言行。

2. 发展警示

有以下状况，请赶快送孩子去看医生：不能自如地走，经常会摔倒；不能在成人帮助下爬台阶；不能提问题；不能指着熟悉的物品并说出它的名称；不能说2~3个字的句子；不能根据一个特征把熟悉的物品分类，如把吃的东西和玩具分开；不喜欢和小朋友玩。

九、3~4 岁

1. 一般可以做到

能交替迈步上下楼梯;能倒着走,能原地蹦跳;能短时间单脚站立;能画横线、竖线、圆圈;喜欢堆积木;认真听适合他年龄的故事,喜欢看书;认识三角形,圆形,正方形;至少能说出红、黄、蓝色的名称;能用简短的话表达自己的愿望和要求;问越来越多的问题,"是什么""为什么"等;能简单讲述看到和发生的事情;能记住家人的姓名、单位、电话和家庭住址等;能使用筷子、勺等餐具,能独立进餐;知道家里常用物品的位置;能独立穿衣;能按"吃的""穿的""用的"将物品分类能;用手指着东西数数;能与他人友好相处,懂得一些简单的规则,但常常不能坚持做;能参加一些简单的游戏和小组活动;会表达恐惧、喜欢等强烈的感觉;非常重视看护自己的玩具;有时会变得有侵略性,如抢玩具,把玩具藏起来。

2. 发展警示

有以下状况,请赶快送孩子去看医生:听不懂别人说的话;不能说出自己的名字和年龄;不能说 3~4 个字的句子;不能自己一个人玩三四分钟;不会原地跳。

十、4~5 岁

1. 一般可以做到

能熟练地单脚跳;能沿着一条直线行走;能轻松地起跑、停下、绕过障碍物;能正确地握笔,能画出简单的图形和人物;能串较小的珠子；认识10以内的数；能按照物体的颜色、形状等特征分类并进行有规律的排列；能独自看懂并说出简单图画的意思；喜欢听有情节的故事、猜谜语；理解日常生活的顺序，如“我早上起床，穿衣服，刷牙，然后上幼儿园”；能回答“谁”“为什么”“多少个”等问题；能说比较复杂的话，如“我还没看清楚猫的颜色，它就跑过去了”；能比较清楚地表达自己的意愿；能努力控制自己的情绪，不乱发脾气，但有时会因为小挫折（如，搭积木无法搭成自己想要的形状）而发脾气；喜欢与小伙伴玩；开始有“最好”的朋友，乐于参加集体活动；喜欢大人的表扬，对取得的成绩很骄傲。

2. 发展警示

有以下状况，请赶快送孩子去看医生：无法说出自己的全名；无法辨认简单的形状：圆形、正方形、三角形；说出的话别人听不懂；不能单脚跳跃；不能独立上厕所，不能控制大小便，经常尿裤子。

十一、5~6岁

1. 一般可以做到

学习交替单脚跳；会翻跟头；能快速、熟练地骑三轮车或有轮子的玩具；能使用笔，能画许多形状和写简单的汉字；能用各种图形的材料拼图；能把各种各样的物体分类，能按从短到长、从小到大等顺序为物体排序；数数能数到20或20以上，许多孩子能数到100；能把时间和日常生活联系起来，如“5点钟了，该看电视了”；能辨认不同面值的钱币；能边看图画，边讲熟悉的故事；能正确地转告简短的口信，能接电话；喜欢伙伴，经常会有一两个要好的伙伴；能与小朋友分享玩具、轮流玩、一起玩；爱参加团体游戏和活动；情感丰富，关心别人，尤其是对比自己年龄小的孩子、受伤的孩子和动物特别体贴；有更强的自我约束能力；情绪大起大落的情况减少。

2. 发展警示

有以下状况，请赶快送孩子去看医生：不能交替迈步上下楼梯；不能安静地听完一个 5~7 分钟的小故事；不能独立完成一些自理技能，如刷牙、洗手等。

附

0~6 岁孩子体重、身高(身长)参照表

年龄		体重(千克)				身高(厘米)			
年	月	男孩		女孩		男孩		女孩	
		下等	上等	下等	上等	下等	上等	下等	上等
0	0								
	1	2.5	4.3	2.5	4.0	45.9	55.1	45.5	54.2
	3	2.9	5.6	2.8	5.1	49.7	55.1	49.0	58.1
	6	4.1	7.7	3.9	7.0	55.8	66.4	54.6	64.5
	9	7.2	11.3	6.6	10.5	67.0	77.6	65.0	75.9
1	0	8.1	12.4	7.4	11.6	70.7	81.5	68.6	80.0
	6	9.1	13.9	8.5	13.1	76.3	88.5	74.8	87.1

续　表

年龄		体重(千克)				身长(厘米)			
年	月	男孩		女孩		男孩		女孩	
2	0	9.9	15.2	9.4	14.5	80.9	94.4	79.9	93.0
	6	9.1	13.9	8.5	13.1	76.3	88.5	74.8	87.1
3		11.4	18.3	11.2	18.0	87.3	102.5	86.5	101.4
4		12.9	20.8	12.6	20.7	94.4	111.5	93.5	109.7
5		14.4	23.5	13.8	23.2	100.7	119.1	99.5	117.2
6		16.0	26.6	15.0	26.2	106.4	125.8	104.8	124.5

体重、身高(身长)记录卡

测量日期	实足年龄	体重(千克)		身高(厘米)	

注:正常的测量值应在上等和下等之间。如同年龄、性别的孩子,体重测量值在上等和下等之间为正常,小于下等为体重不足,大于上等为超重;同年龄、性别的孩子,身高测量值在上等和下等之间为正常,小于下等为生长迟缓,大于上等为异常。当孩子发育不正常时,应查明原因,及时治疗。

参考文献

[1]蔡颖卿. 教养在生活的细节里:隔代不隔爱[M]. 北京:北京时代华文书局,2021.

[2]张瑞平,岳素萍. 学前儿童发展心理学[M]. 河南:河南科技出版社,2021.

[3]晴天姥姥,晴天妈妈. 隔代养育[M]. 北京:电子工业出版社,2021.

[4][日]斋藤茂太. 爷爷奶奶的隔代养育大智慧[M]. 马超越,译,上海:上海文化出版社,2018.

[5]孟亭含. 婴幼儿卫生与保健[M]. 上海:同济大学出版社,2018.

[6]谢源,杜晓鸣 汤杰. 学前儿童卫生与保健[M]. 长沙:湖南师范大学出版社,2018.

[7]陆兰,刘超. 幼儿科学教育与活动指导[M]. 北京:北京师范大学出版社. 2017.

[8]李晓巍. 幼儿行为观察与案例[M]. 上海:华东师范大学出版社,2016.

[9]方钧君. 幼儿游戏[M]. 上海:上海交通大学出版社. 2014.
[10]崔玉涛. 宝贝健康公开课[M]. 北京:北京出版社,2013.
[11]张思莱. 张思莱谈育儿那点事儿[M]. 北京:中国妇女出版社,2013.
[12] 体育概论编写组. 体育概论[M]. 北京:北京体育大学出版社,2013.
[13]周念丽. 0~3 岁儿童观察与评估[M]. 上海:华东师范大学出版社,2012.
[14]万钫. 万钫育儿课堂[M]. 北京:教育科学出版社,2009.
[15]赵镜巍,杨川林. 隔代监护对农村留守儿童社会化的影响研究[J]. 甘肃教育研究,2023(6):22-24.
[16]郭冠群,吴昊. 国内祖辈参与养育研究现状及问题分析[J]. 湖州师范学院学报,2023,45(5):47-54.
[17]郑文. 儿童哲学视域下幼儿园生命教育活动的路径研究[J]. 华夏教师,2023,270(6):37-39.
[18]李慧雪. 隔代教育下小学生心理健康教育的策略分析[J]. 求知导刊,2022(26):20-22.
[19]沈冠辰,姬银银. 缓解隔代教育者压力的社会工作探究[J]. 长春理工大学学报(社会科学版),2022,35(5):85-88+94.
[20]刘杨,朱薇娜,张艺. 幼儿园生命教育主题活动的行动研究[J]. 教育观察,2022,11(36):47-49+58.
[21]王婷婷,尚靖君. 家庭教育指导服务体系的构建[J]. 长春理工大学学报(社会科学版),2022,35(S1):91-95.

[22]肖莹莹. 浅谈家庭教育的原则及方法[J]. 现代交际,2020(7):152-153.

[23]鲍育育. 当代妇女在家庭教育中母亲角色定位探究[J]襄阳职业技术学院学报,2018,17(1):98.

[24]段飞艳,李静. 近十年国内外隔代教养研究综述[J]. 上海教育科研,2012(4):13-16.

[25]刘宏弘. 家庭中怎样对幼儿进行品德教育[J]. 内蒙古教育(职教版),2012(5):24-25.

[26]黄姗,陈小萍. 隔代教育研究综述[J]. 现代教育科学,2007(04):63-65.